《图解科学》系列

投射在阴影中的力量

——危险的陆地动物

丛书主编　杨广军
丛书副主编　朱焯炜　章振华　张兴娟
徐永存　于瑞莹　吴乐乐
本册主编　李　理
本册副主编　张利伟　何　婷　张兴娟
张林智

天津人民出版社

图书在版编目（CIP）数据

投射在阴影中的力量：危险的陆地动物 / 李理主编.
--天津 : 天津人民出版社, 2012.5（2018.5 重印）
（巅峰阅读文库. 图解科学）
ISBN 978-7-201-07544-0

Ⅰ. ①投… Ⅱ. ①李… Ⅲ. ①动物—普及读物 Ⅳ.
① Q95-49

中国版本图书馆 CIP 数据核字（2012）第 099203 号

投射在阴影中的力量：危险的陆地动物

TOUSHE ZAI YINYING ZHONG DE LILIANG：WEIXIAN DE LUDI DONGWU

出　　版　天津人民出版社
出 版 人　黄　沛
地　　址　天津市和平区西康路35号康岳大厦
邮政编码　300051
邮购电话　（022）23332469
网　　址　http://www.tjrmcbs.com
电子邮箱　tjrmcbs@126.com

责任编辑　陈　烨
装帧设计　3棵树设计工作组

制版印刷　北京一鑫印务有限公司
经　　销　新华书店
开　　本　787 × 1092毫米　1/16
印　　张　12.5
字　　数　250千字
版次印次　2012年5月第1版　2018年5月第2次印刷
定　　价　24.80元

卷首语

奇异的大自然造就了种类繁多的动物，它们各个身怀绝技，在复杂的环境中练就了招式各异的本领，有的力大无比，有的迅猛矫健，还有的擅长放毒……

陆地是一个奇妙而复杂的地方，在这里孕育着众多的动物，在这些千奇百怪的动物中，不免有一些“危险分子”，它们的伪装是如此的奇妙，它们的进攻又是那么的致命。正是这些奇妙或致命的本领，推动了整个生物圈的进化与发展。研究这些动物，不仅能使它们发挥特长造福人类，而且能使我们学会与自然和谐相处，避免冲突。

来吧，让我们一起走进危险陆地动物的世界，探索大自然的伟大生灵，发现危险背后的奥秘吧……

目 录

史前霸主——恐龙家族

铜嘴钢牙——牙尖嘴利的动物

泰山压顶——以力制胜的动物

五毒俱全——放毒的高手

嗜血之王——传播疾病的吸血动物

目　录

锐目利爪——猛禽部落

史前霸主

——恐龙家族

地球上曾经有“龙行天下”的时代，在远古的陆地上、海洋中，甚至空中，都是恐龙的天下。它们有的有着任何动物都不能比的尖利牙齿，有的有着比大象还要大很多的身体，还有的拥有能撕开动物皮肉的巨爪。任何动物都不是它们的对手，它们称霸全球，创造了一段辉煌的历史。

如果恐龙出现在当今，它依然能很轻松地称霸，老虎、狮子根本不是它们的对手。恐龙虽然灭绝了，可是本书绝对不能排除它。本篇将带你认识地球曾经的霸主。

恐龙中的两大杀手——霸王龙和三角龙

恐龙究竟有多可怕？了解了以下两种恐龙的威力，你就明白了。食肉恐龙中数霸王龙最血腥、最残暴，它的血盆大口，它的致命咬合力，它的锋利的爪子都是精良的武器，任何恐龙见到它都望而却步，它的确是恐龙中的霸王。然而，有一种恐龙不怕它，这种恐龙有着敦厚的身体、强壮的肌肉，最厉害的是它还有着一对粗大尖利的头角，能轻松刺穿对手的胸膛，它就是食草恐龙中有名的三角龙。

◆恐龙中的两大杀手：霸王龙和三角龙

这两位恐龙之王谁更胜一筹呢？本节通过介绍这两种恐龙以及它们之间的对抗来为你讲解恐龙的威力有多大。

大嘴至尊：霸王龙

◆霸王龙比大象还要大得多

霸王龙又名暴龙，它是一种凶猛的食肉恐龙。霸王龙生存在白垩纪末期的最后 300 万年，距今约 6850 万年到 6550 万年，是白垩纪第三纪灭绝事件前最后的恐龙种群之一，也是已知最大的陆生肉食动物之一。

霸王龙体长 11 到 12 米，比大象还要大得多，仅头部就有 1.35 到 1.45 米之长。霸王龙的嘴大得可以一口吞下一头牛。霸王龙的身高达 4 米，站起来接近两层楼高，体重约 7 吨。在当今就像是个庞大的怪兽。

牛顿是力的计量单位，单位符号“N”。100克（如一小瓶哇哈哈果奶）的物理所受的地球引力是1牛顿，拿起它需要1牛顿的力。

霸王龙在恐龙世界中的“暴君行径”是名不虚传的。它就像是一台骨骼粉碎机。其硕大的颚骨赋予了它惊人的咬力，据科学家按照力学模型的推测，一头 6 吨重的霸王龙的一颗牙齿的随意咬合力就可达 13500 牛顿，最大的单颗牙齿的咬合力大概是 20000 牛顿，而口腔前部的咬合力（上下牙夹击）约为 40000 牛顿，后部咬合力则可达 80000 牛顿。体型更大的霸王龙可能拥有更大的咬力，其咬合力超过 100000 牛顿是完全可能的，哪怕是钢铁恐怕也要被它咬碎。霸王龙的每颗牙齿大小不一，大的牙齿比人类的手掌还要长，小的牙齿则只有人类小拇指的一节那么大。霸王龙的齿从尖顶到基部都有斜旋锯齿，其凶猛程度可见一斑。霸王龙的颚部强大惊人，是数十头湾鳄颚颔力量的总和。霸王龙的头是所有恐龙中最大且最有力的。这种可怕的肉食性动物会用长着军刀般利齿的巨颚，狠狠地一口咬死猎物，接着扭转强壮的颈部，将嘴中的肉块撕下来。霸王龙张开的血盆大口更是吓人，它的嘴里面长着两排向内弯曲的锐利牙齿，每颗牙齿连根有二三十厘米长，一旦被咬住，即使是身上有着坚韧骨质甲胄的大型草食性恐龙也会承受不住。

◆霸王龙牙齿的咬合力很大

霸王龙的整个身体好像都是专为袭击其他恐龙而设计的：头长而窄，两颊肌肉发达，颈部短粗，后肢强健粗壮，尾巴可以向后挺直以平衡身体，后肢和尾部肌肉相当结实，奔跑起来时速可达 40 公里以上，破坏力比龙卷风还强大。如果这些数据都真实的话，那任何猎物恐怕都逃不过它的

追杀。

知识窗

霸王龙有可能是食腐动物

积极的掠食者的视觉系统应该是最发达的，可是霸王龙不是如此，相反，它的嗅觉最发达，而嗅觉发达，毫无疑问的是食腐动物的必备条件。还有，霸王龙的体积巨大，这有利于赶走那些蜂拥而来的狩猎动物。

点击——霸王龙的奇特体型

和粗壮的脚比较起来，霸王龙的手臂显得非常纤小，比人类的手臂还要短。古生物学家认为，这可能由于霸王龙只用口捕猎，前肢很少使用，因而渐渐变短变小。

霸王龙虽然有庞大的身躯，但是，骨骼却是空心的，而且头颅中有一些大而中空的洞，这些使得霸王龙体重减轻，便于行走和捕猎。

素食领袖：三角龙

三角龙个体的身长估计有 7.9 到 9 米长，高度为 2.9 到 3 米，重达 6 到 12 吨，是白垩纪最强的草食类恐龙。三角龙的最显著特征是它的大型头颅，这是所有陆地动物中较大的之一。三角龙头的后部有个骨质头盾，这个头盾的长度超过 2 米，可以达到整个身体长度的 1/3。三角龙头的前部有三根角，口鼻部鼻孔上方有一根，眼睛上方还有两根，角长可长达 1 米，所以叫它三角龙。大多数有角盾的恐龙的头盾上都有大型洞孔，但三角龙的头盾则明显地坚硬。

◆三角龙模拟图

同样都是角，犀牛的角是由皮肤构成的，而三角龙的角则是由实心的骨头长出来的，因此可能有更强大的破坏力。最新科学研究表明，三角龙的角可以承受 6.3 吨左右的力量，这相当于一辆大卡车。毫无疑问，三角龙已经演化出坦克一般的形态，它有结实的体型、强壮的四肢，简直是个坚不可摧的碉堡。

小博士

草食性的三角龙

三角龙是草食性动物，它头部低矮，所以可能主要以低高度植物为食，但它也可能用头角、喙状嘴，以身体力量来撞倒较高的植物来食用。三角龙的颚部前端具有长而狭窄的喙状嘴，被认为较适合抓取、拉扯而用，而非咬合。

知识大讲堂——三角龙的角与头盾的作用

关于三角龙头部的角和头盾的功能，目前已经有许多假设，其中两个主要观点是：战斗和求偶时的展示物，后者被认为极可能是主要功能。

科学家的实验及化石表明，头盾与角在求偶以及其他社会行为上被视为重要的视觉辨认物。不同角龙类恐龙拥有不同的装饰物，这为这一理论在一定程度上提供了依据。而现代动物中拥有角状物或装饰物的，也是将其作为视觉辨识物使用。

狭路相逢，强手对决

霸王龙和三角龙都是白垩纪晚期的霸主，它们体型相当，可谓劲敌。当霸王龙遭遇三角龙会发生什么事情呢？两者势均力敌，一场恶战在所难免！结果究竟怎样呢，请跟我一起进行科学分析。

霸王龙巨大的咬合力和庞大的身体都是足以致命的武器，它很有可能将食草的三角龙当做食物；而三角龙也不会坐以待毙，它长而锋利的尖角

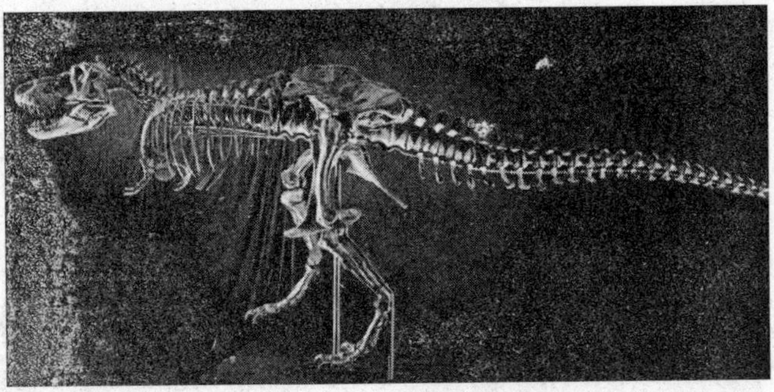

◆霸王龙的庞大体型和强大的咬合力是其致对方于死地的武器

恰巧可以刺入霸王龙柔软的腹部。更有甚者，它可以用眉角将霸王龙挑起来，甩得很远，或者用很快的冲击速度把霸王龙撞个大跟头。这些反击往往都是致命的。事实是这样吗？仅凭想象我们不能得出结论，看看科学家的研究结果？

◆三角龙的尖角和飞快的速度与霸王龙不相上下

科学家们曾做过这样一个测试，测试三角龙将如何抵抗霸王龙这一大型掠食者的攻击。它会像现代犀牛一样冲撞敌人吗？为了解决这一问题，科学家制作了一个三角龙头颅，并以每小时 24 公里的时速撞向模拟的霸王龙皮肤。结果怎样呢？三角龙的一对长角刺穿了霸王龙的模拟皮肤，但是其他部位则无法刺穿，而且头颅的前段也断裂了。测试结论是三角龙无法通过冲撞来攻击敌人。当它们遭到攻击时，应该会采取坚守策略，用角来牴刺敌人。

另有科学测试证明霸王龙的牙齿可以刺穿三角龙的皮肤。而且，霸王龙的视觉、听觉、嗅觉都十分好，它的眼睛长在头偏前方的地方，可以直视前方。而三角龙的视觉和听觉都差，而且行动迟缓，霸王龙却灵活敏捷，只要霸王龙避开三角龙的角，那就极有可能杀死三角龙。

所以，相比之下，霸王龙略胜一筹。但目前没有任何化石明确显示它们之间有过争斗，所以，谁输谁赢，依然很难说。

金钥匙——三角龙被霸王龙所杀的猜想

科学家在研究一只三角龙的髋骨时发现上面布满了齿痕。科学家猜测这是三角龙被某种食肉动物咬伤所致。到底是哪种食肉动物呢？咬痕可以提供一些这种肉食动物的牙齿的信息。科学家将牙科用的油灰填入其中一个较深的咬痕之中，产生的模型显然与霸王龙的牙齿相同。可见，霸王龙有可能以三角龙为食。但也有另一种可能：霸王龙在半路发现了一只已经死去的三角龙，因为据科学家推测霸王龙有可能吃腐肉，所以将死去的三角龙当做了食物。

这些杀手个个强
——恐龙攻防绝招

恐龙是地球远古时期生存的一种神秘物种，它们曾是地球的霸主，然而，它们仍然逃脱不了完全灭绝的命运。恐龙有很多神秘色彩。在一些科普著作和科幻电影中，人们时常会看到恐龙彼此撕咬吞噬，它们锋利的牙齿、爪子以及骨骼突起都成为殊死搏斗中的致命武器。古生物学家基于大量研究，已更深入地了解到史前世界恐龙物种的攻击和防御策略，以及恐龙“兵器库”的真实作用。本节就为您作一介绍。

暴龙：强壮的颈部将猎物尸肉抛到半空直接吞食

暴龙通常被认为是恐龙世界中最大、最凶残的掠食者，也是顶级掠食者。它锋利的下颚牙齿令人望而生畏，人们一直认为这些牙齿会在猎食中对猎物实施可怕的撕咬，但最新研究显示，暴龙真正的力量并不是来自颚部，而是来自颈部。

◆作为顶级掠食者的暴龙，强大的颈部是其的致命武器

暴龙较小的前臂和肌肉组织很像肉钩，它能够捕获猎物，但是，要杀死猎物则主要靠头部和颈部。暴龙的颈部必须是强壮的，否则它在与鸭嘴龙和角龙等搏斗时很难承受对手的角力。暴龙颈部的力量到底有多大呢？2007 年，美国艾伯塔大学古生物学家以恐龙骨骼化石上留下的伤痕以及现代鸟类和鳄鱼的解剖结构为向导，建立了一个暴龙的数字模型，用以研究暴龙颈部的移动和肌肉力量。

数字模型重建了暴龙的颈部肌肉结构，暴龙颈部肌肉非常强壮，能够快速摆动头部击向猎物。或许它们攻击猎物时并不使用短小的前臂，仅通过头部撞击和牙齿撕咬即可对猎物实施致命打击。

令人印象更加深刻的是，古生物学家发现暴龙能够将猎物的肉体抛向半空，等猎物落入颚部再直接吞食，这种奇特的进食方式能够使暴龙的颚部肌肉缓解疲劳。据科学家测量，暴龙能够将50千克的猎物尸体抛到5米高的空中。一些鸟类和鳄鱼也存在该现象，在自然界类似的进食方式被通称为“惯性进食”。

知识库

鸭嘴龙和角龙

鸭嘴龙是一种较大的草食性恐龙。最大的鸭嘴龙身长可达15米。鸭嘴龙的后腿长而有力。鸭嘴龙因头部似鸭嘴而得名。

绝大多数角龙的头部都有角作为攻击和防御的武器，是恐龙中的佼佼者。我国《述异记》有记述：“蛟千年化为龙，龙五百年为角龙”可见其威猛。

特暴龙：能够剥离鸭嘴龙骨骼上的尸肉

◆特暴龙能够剥离鸭嘴龙骨骼上的尸肉

近期，科学家在中国西部戈壁发现了一个接近完整的大型鸭嘴龙骨骼化石，上面还残留着一些特殊的咬痕。是什么动物如此厉害，能够猎杀体型巨大的鸭嘴龙呢？

中国脊椎动物古生物学和古人类学协会古生物学家大卫·霍恩以及日本冈山市林原国家科学博物馆的一位科学家确定咬痕是暴龙的东方远亲——“特暴龙”的咀嚼痕迹，从而也就确定这具鸭嘴龙是被特暴龙猎杀。那么咬痕是如何留在骨骼上的呢？是强壮的牙齿直接穿透肌肉的吗？他们发现特暴龙能够将鸭嘴龙肢体上的残留

尸肉剥离，最终在骨骼上留下咬痕。

恐爪龙：牙齿咬力接近于成年美洲短吻鳄

与暴龙相比，恐爪龙的体型相对弱小的多，但这丝毫削弱不了它作为掠食性恐龙的威力。恐爪龙的嘴中充满了锯齿状的牙齿，前肢较长并且长着带有内弯的爪子，在灵活的第二个脚趾上还长有镰刀状的爪子。科学家分析，当恐爪龙发起群体攻击时，可对猎物构成致命伤害。

◆恐爪龙头部模型

近期科学家在美国怀俄明州挖掘出的一具完整的食草恐龙骨骼化石上发现了一些不同寻常的咬痕，这些咬痕刚好与恐爪龙的牙齿碎片吻合。恐爪龙个体较小，不太可能像长着较大头部和较小前臂的食肉恐龙那样具有强劲的撕咬能力，但据化石上的咬痕看，恐爪龙也是一种颇具威胁性的恐龙物种，它的牙齿能够刺穿猎物的骨骼。在模拟测试中，科学家发现恐爪龙的牙齿咬在母牛骨骼上可以形成4100牛顿的作用力，相当于鬣狗和狮子的咬力。他们还估计恐爪龙后齿的咬力是前齿的两倍，接近于成年美洲短吻鳄。

◆成年美洲短吻鳄的头部

三角龙：角状结构除装饰外还有防御功能

三角龙因头部长有三角状结构而得名，是角龙中的佼佼者。三角龙头

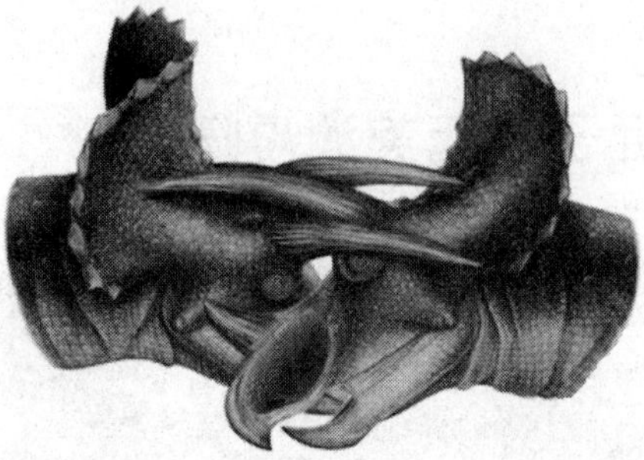

◆三角龙头部的角也是厉害的武器

部的角状结构不仅仅是装饰性，还是最好的防御武器，对防御体型庞大的暴龙非常有效。科学家认为角状结构还用于性别展示，甚至在同类间斗争时起重要作用。

美国一古生物学家通过对三角龙头骨的研究发现，三角龙同类间经常出现冲突斗争。2009 年，他带领一个研究小组对三角龙头部的受损状况开展了研究，结果显示三角龙头骨鳞状骨受伤频率较高，鳞状骨包括角状结构侧翼骨骼和面颊骨骼，这些骨骼恰位于眼眶之下，据此判断三角龙时常与同类发生面对面的冲突，头骨骨骼的伤痕多是角状结构碰撞所致。

甲龙：身披甲状结构能防能攻

甲龙又称“装甲龙”，因为它的身体覆盖着一排排较厚的骨化皮肤而得名。骨化皮肤有很多形状：背部呈圆鳞板状，肩部呈矛状，尾部呈棒状。

以前人们认为甲龙身体上的甲状结构仅仅是防御工具。日本札幌市北海道大学古生物学家发现一些甲龙身上的甲状结构不仅能防御，更具有一定攻击性。

◆甲龙体表覆盖着厚厚的骨化皮肤

We are superstar
——恐龙世界的超级巨星

◆恐龙时代明星辈出

恐龙家族很庞大，它们各有特点，有的灵巧敏捷，有的身强力大，还有的可以翱翔天空。它们的身体形态也大不相同，有的身披铠甲般的甲胄，有的背上有突起的角质片状物，有的拥有像翅膀一样宽大的翼，还有些有像鱼一般会游泳的身体。这些不同的身体构造就是它们的武器，这些“武器”很多都是可以致对方死命的。本节就让我们认识一些恐龙世界的超级巨星，通过认识它们来了解恐龙称霸的秘密。

空中霸王：翼龙

翼龙是第一种会飞行的脊椎动物，它们可以借助于翼进行飞行。它们的翼是由皮肤、肌肉与其他软组织构成的膜，从胸部延展到极长的第四手指上。翼龙从三叠纪出现到白垩纪灭绝。较早的翼龙有长而布满牙齿的颚部和长尾巴；伴随着进化的脚步，较晚的翼龙尾巴大幅缩短，牙齿也退化。翼龙的体型差距很大，小的只有鸟类大小，如森林翼龙；大的如风神翼龙与哈特兹哥翼龙，展开双翼有16米长，相当于一架飞机大小，它们是地球上曾出现的大型生物之一。

> 翼龙中最著名的为翼手龙。翼手龙属于翼龙中的大个儿，有十几米长。翼手龙属于较晚出现的翼龙。

◆空中巨无霸：翼龙模拟图

翼龙的前肢高度特化，其第四指变长变粗成为飞行翼指。翼龙的第四翼指由四节翼指骨组成，前端无爪，与前肢共同构成飞行翼的坚固前缘，支撑和联结着身体侧面和后肢的膜，形成能够飞行的类似鸟类翅膀的翼膜。翼龙腕部有一特有的翅骨，向肩部前伸展，可支撑翼膜。第一至第三指在翼膜外侧，变成钩状小爪，第五指退化消失。翼龙具有许多类似鸟类的骨骼特征，如头骨多孔，骨骼中空轻巧，胸骨及其龙骨突发达等，这些为它们适应飞翔提供了很好的条件。

翼龙的嘴非常长，里面有百余颗牙齿，可用来捕杀始祖鸟、鱼类等动物。

翼龙很多习性都和鸟类相似，而且据说已经发现的翼龙化石中有些带有羽毛，所以有人认为它们是爬行动物与鸟类之间的过渡类型。

翼龙凭借飞行速度飞快，体型庞大，牙齿多而锋利，成为空中的巨无霸。

知识大讲堂——翼龙是怎样飞起来的

体形巨大的翼龙是怎么飞上天的呢？对于这个问题，科学家们有两种不同的认识。一些人认为巨大的翼龙根本不会飞，因为它们不能像鸟儿一样振动自己的翅膀。它们可以先爬到高处，迎风张开巨大的双翼，这样就可以借助上升气流使自己在空中滑翔，这不是严格意义上的飞。另一些人则认为翼龙翅膀上的膜非常坚硬，且翅膀外侧有像框架一样的筋骨相连，所以它们能像鸟儿一样扇动翅膀，而且它们的翅膀非常大，稍稍动一下就可以获得巨大的反作用力，使自己飞起来。这两种观点究竟哪一个是正确的呢？目前尚无定论。

满身“荆棘”的剑龙

剑龙是生活在侏罗纪晚期的大型食草恐龙，可达 12 米长，7 米高，重可达 4 吨，相当于一辆大卡车。剑龙因其特殊的骨板与尾刺闻名。

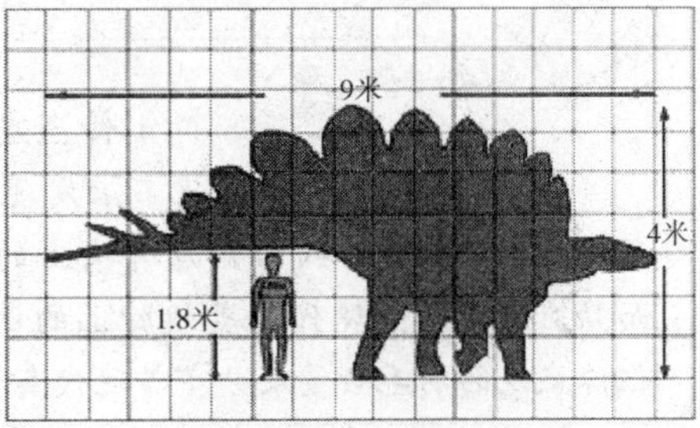

◆剑龙与人类的体型尺寸比较

剑龙身上最容易被辨认出来的是其背部由 17 块分离的平板排列而成的板状结构。这是一种高度特化的骨层，与现今存在的鳄鱼、蜥蜴身上的一些构造相似。这类构造不与骨架直接相连，而是长在皮肤上。被发现的最大的板状物在剑龙的臀部上方，其高度与宽度皆为 60 厘米。

◆剑龙模拟图

关于这些板状物的作用众说纷纭。一开始人们认为这是某种装甲，但是却又过于脆弱，并且所在位置偏离了身体的两侧真正需要防卫的地方。后来的研究指出，这些板状物能够有效地帮助剑龙的身体调节体温。还有说法认为板状物巨大的尺寸显示这些构造有可能使剑龙看起来更加高大，达到威胁它的敌人，或是具有某种性夸耀的功能，从而吸引它的同类。

> 剑龙被认为是居住在平原上，并且以群体游牧的方式和其他如梁龙的食草动物一同生活。

剑龙还拥有一根醒目的尾刺，科学家认为尾刺是用来防御敌害的。剑龙的尾部缺乏钙化的肌腱，相比其他种类恐龙的尾部更柔软许多。而这样的构造也使尾部用做武器的推想变得合理。科学家观察到剑龙能够灵巧地运用尾部，它们能以较长的后肢固定身体位置，并以较为强壮但也较短的前肢来移动身体，使身体旋转以进行攻击性行动。后来科学家通过研究也发现，尖刺化石上有与外伤有关的伤痕，从而确认这些尖刺在战斗中的功用。

剑龙的骨板与尾刺、庞大的身体使它成为食草动物中的强者。

知 识 库

伶盗龙的羽毛

科学家在一架伶盗龙化石上发现了六个羽茎瘤。鸟类骨头上的羽茎瘤可用来固定羽毛，而伶盗龙骨头上的羽茎瘤则明确显示它们也具有羽毛。而且应该是类似现代鸟类翅膀上的羽毛，包含羽轴与羽支所形成的羽片。但伶盗龙的羽毛数量及分布与现代鸟类差异非常大。

广角镜——剑龙的第二大脑

有些学者指出剑龙臀部区域的脊髓拥有较大的通道，能够提供空间给一个比脑部大约 20 倍的构造。这种想法认为，如剑龙一般的恐龙在尾部拥有一个“第二大脑”，而且能够用来控制身体后半部分，同时这个“脑”也能够在剑龙遭受猎食者攻击时帮助它们抬高身体。

敏捷的盗贼

伶盗龙也叫迅猛龙、速龙。伶盗龙拉丁文的意思为“敏捷的盗贼”。伶盗龙的体型接近火鸡，比其他恐龙要小得多，但它却凶猛异常，灵活敏捷。

伶盗龙尖牙利爪，能进行高速奔跑，加上它众所周知的武器——长约 9 厘米的第 2 趾，这是它捕杀猎物的主要武器。当它捕猎时，一只脚着地，另一只脚高高举起第 2 趾，先用前肢上的利爪迅速勾住猎物，一跃而起，用镰刀足果断地扎进猎物腹部，然后用力撕咬猎物的脖子等致命部位，开膛破肚，将猎物一下置于死地。

伶盗龙经常会选择大部分动物都处在繁殖期的雨季来捕猎小动物。它

◆伶盗龙复原图

们通常在小猎物频频出没的沙丘、林地边缘或固定水源等地进行埋伏。当猎物进入视线时，它们就会分外谨慎，慢慢潜伏到离猎物100米左右的地方，做好冲刺准备，然后一跃而起，以每小时60公里的速度冲向猎物，将其开膛破肚后再慢慢享用。

伶盗龙拥有大型手爪，在结构与灵活性上类似于现代鸟类的翅膀骨头。伶盗龙的手部有三根锋利并大幅弯曲的指爪，中间的指爪是最长的一根，第一根指爪是最短的。伶盗龙的腕部骨头能够做出向内转以及向内抓握的动作，而非向下抓握，非常灵巧。伶盗龙的脚趾爪外缘长度可达到65毫米，是可怕的攻击武器，能够用来撕开猎物。

伶盗龙的大脑较大，脑重/体重比在恐龙中属于最大之列，显示它们是一种非常聪明的恐龙。

巨大的食肉者

> 棘龙生存于白垩纪的非洲，约为9500万年前到9300万年前。

棘龙又叫棘背龙。科学家认为棘龙的身长达到破纪录的17米，接近大型植食性恐龙，远远地把其他食肉恐龙甩在身后，是真正的较大的陆地食肉恐龙。这样一个庞然大物，竟然在背上扯起一张大大的帆。这张帆由一连串长长的脊柱支撑，每根脊柱都是从脊骨上直挺挺地长出来，使得这张帆完全不能收拢或者折叠。棘龙是一种外貌怪诞、凶猛强劲的食肉恐龙，很多人都认为棘龙比霸王龙还要厉害。

棘龙有延长的颚部、圆锥状的牙齿和提高的鼻孔，显示它们有可能是鱼食性动物。但它的牙齿也并不完全是针对鱼的，棘龙类的牙齿有大有

◆棘龙模拟图

小，长短不齐，所以肯定不是完全的食鱼动物，也许是用来抢夺和克制其他大中型食肉恐龙及其猎物的，并且棘龙体型巨大，它们有可能捕食大型动物。

棘龙拥有的独特帆状物，使它们看起来更加凶猛威武。但帆状物的作用目前仍未搞清。这些帆状物有可能拥有综合功能，平常充当体温调节器，在求偶季节起到吸引异性、散发体温的作用，在遭受威胁时也有可能起警告对方的作用。

铁汉柔情
——恐龙的情爱和繁衍之道

可以说进化是生存的唯一理由，生存的机会永远只垂青拥有足够智力、能完成复杂任务的生物。而恐龙是大自然有史以来最复杂、最精密、最高度进化的生物，然而并不是所有恐龙都有机会拥有后代。为了求爱并且赢得繁衍后代的权利，高大凶狠的雄性恐龙们居然也会心甘情愿地去当“妻管严”，绝不敢惹毛那些比它们更强悍的“野蛮女友”。

根据达尔文的伟大理论，你也许是这片土地上最出色的猎手，但是如果没有能力吸引到拥有理想基因的伴侣，你就失败了。而失败者的基因将无法继续遗传下去，因此，交配是件非常严肃的事情。史前巨无霸恐龙的繁殖行为又有何秘密？让我们一起走进本节内容去揭开谜底。

恐龙的情爱之谜

恐龙这些庞然大物的恋爱一点都不谈不上浪漫，雄性看着雌性，雌性看着雄性，它们不会经过有意识的思考，却都在认真评估对方的基因潜质。你的基因好吗？如果你我的基因结合，是否能够产下健康、有竞争力的后代呢？传宗接代的想法原来在远古时代就已经深入“龙”心。

交配的时机也非常重要。对于卵生动物而言，通常都是在春末或者夏天，只有这样卵才能在每年最温暖的季节孵化出来。为了知道何时交配，

◆铁汉也有柔情时刻

◆恐龙也温柔

恐龙会对季节变化作出相应反应。快到繁殖期的几个星期内，恐龙的身体会产生明显的激素变化。比如说白天的长度变化：当冬季逝去，白天开始变长，恐龙眼睛后方的传感器会对光线的变化作出反应，向大脑及时传达关键信息。信号直接触发垂体腺，释放出促性腺激素，这种化学物质会让恐龙的身体做好准备，进行排卵或者生成精子。大量的激素也会引发激烈的行为变化，雄性和雌性的变化大不相同。对于雌性而言，这意味着储存足够的能量以繁殖后代；而对于雄性而言，则要弄清楚应该如何在繁衍后代的竞赛中击败其他雄性。它们需要更加警觉，视觉更好，更具攻击性。食肉动物发达的杀戮工具会变得更加致命。处于15岁到18岁的雄性，会开始挑战经验更丰富的年长雄性。斗争有可能是因为争夺配偶而起，但非常快就会变成生死决斗。雄性必须跨过这些门槛，才能够获得与雌性交配的权利。

幸运的是，大多数时候它们的目标并非是将对手置于死地，这完全是为了将自己的基因传给下一代。在同一个物种中，进化更青睐它们展示出某些不一定致命的特征。这些特征显示出，竞争中的获胜者在某些方面比对方更出色，更健康，也更有生命力。

要想拥有子孙后代，恐龙们除了要和同性竞争者一决高下，还要想尽办法去讨取“野蛮女友”的欢心，包括凶猛的霸王龙也不例外。非常难以想象这些3到4吨的大块头怎样去求爱，但有一点能够确定，恐龙的交配确实非常危险。化石证据显示，它有时会造成尾部碎裂，肋骨和椎骨骨折，头部被咬伤，甚至是一些致命伤害。所以说，恐龙是冒着风险来创造下一代的。雌性霸王龙体形和雄性相似，但是要比雄性大10％到30％，这就意味着雌性霸王龙要比雄性更强，在它们一对一的时候，获胜的永远都是雌性。

能否正确理解异性的暗示，对于雄性霸王龙来说，结果或许就是生死之别。雄性必须要确定雌性是否愿意接受它，如果雌性不愿意，拒绝方式有可能会相当激烈，甚至足以致命。这种表现在大多数恐龙中都会存在，但在霸王龙身上更加极端。如果它真的惹火了娇妻，那么娇妻会直接拿它当午餐。因此，即使雄性恐龙已经走到这一步，即将会赢得娇妻，最后的挑战也能使它功败垂成。

一切都是为了下一代

请不要去责怪雌性恐龙小气，进化让它决定一切。在生育后代的时候，完成主要工作的是雌性恐龙，所以它们有权决定让哪些特点遗传下来，而哪些可以消失。与雄恐龙能每天生产数以百万计的精子不同，雌恐龙一生下来卵子的数量就已经固定了，所以它们繁衍后代的机会是有限的。

◆恐龙也是好妈妈

孕育卵子并不是一件容易的事，必须投入足够的时间和体内的资源。准妈妈们要保持自己健康，吃饱喝足，拥有足够的营养。不管是对于食草恐龙还是食肉恐龙，热量都是关键。这意味着食草恐龙需要更高热量的嫩叶和嫩芽，而对于食肉恐龙而言，就是需要更多红

◆正在孵化的恐龙蛋

肉，如果没有这个，就生不出蛋。雌性必须去储备最优质的资源，大量的蛋白质、脂肪、钙质，才能在它们交配的时候立刻用于产卵。雌性体内的激素刺激肝脏，将卵黄送到卵巢，当它的卵受精时，卵黄就会提供足够的营养，让恐龙胚胎存活长达 3 个月。恐龙准妈妈摄取的钙质用于形成蛋壳。和现在的鸟蛋、鳄鱼蛋一样，恐龙蛋壳主要由碳酸钙组成，保护着发育的胚胎。食草恐龙准妈妈一般在春季就要开始大吃。因为这时植物中蛋白质含量更多，也容易消化，好为日后产蛋积累足够的能量。形成蛋壳所需的钙在很多的植物中含量并不高，所以必须吃得非常多。一只雌性波塞东龙需要吃上万卡路里的植物；肉食恐龙则能够通过咀嚼骨骼的方式来获取钙质。霸王龙就是直接从食草动物的骨骼中获取钙质的。它们嚼碎动物的肉、器官以及骨骼，将它们全部吞下，骨骼经过消化后，会从霸王龙的体内排出，而它所需的钙质会储存在骨骼里。这些都是为能产出最好的蛋准备的。

蛋能够说是雌恐龙为宝宝准备的最好的礼物。恐龙蛋就像是个太空舱，胚胎需要的所有东西全在里面。蛋壳就像一个摩托车的头盔，能够承受猛烈撞击。蛋清，或者说蛋白，它是一种凝胶体，一方面具有加强保护胚胎的作用，能够保证发育中的胚胎湿润，另一方面也能够充当减震装置。小恐龙在长大后就能继承这种在生命的最初几周救了它一命的基因。

在这个小小的空间里，一个受精的细胞会迅速分裂，这些细胞演变成各种类型的组织，组成骨骼、皮肤、神经和器官，分裂的细胞还组成了大脑、感官，包括恐龙长大后需要用来保护自己的武器。在胚胎期，细微的基因差异有可能只影响十亿分之一的特征，但是这能造成不同结果，它可以使一只幼龙存活，而另一只被吞吃，被踩死，甚至是被饿死。

恐龙的育儿之道

每种恐龙都有自己不同的生存方式。成年波塞东龙身高约 18 米，体长

30米左右，体重达到50吨，但它的卵却小得惊人，大概只有哈密瓜那么大。为什么这么庞大的动物卵会如此小呢？跟所有的卵一样，波塞东龙的卵表面布满小孔，让氧气进去，同时二氧化碳出来。卵越大，气孔就越多，但如果气孔太大，卵就会碎。因此，即使是今天最大的鸟蛋——鸵鸟蛋，也不过重1.4公斤。

◆笨笨的波塞东龙依靠产蛋数量多来保证种族延续

波塞东龙做什么都依靠本能，包括抚养幼龙。更准确地说，就是不抚养它的后代——波塞东龙会挖个洞在里面产卵，然后果断地跑掉。这么做看似无情，但如果是你有条件生非常多的孩子，这么做效率就会非常高。实际上，这种庞大的生物脑子非常小，大约只有113克重，像一个汉堡包那么大。在历史上所有的大型动物中，相对身体而言，波塞东龙的脑子几乎是最小的。波塞东龙的脑子是它身体的千分之一，仅为霸王龙脑容量的八分之一。更为糟糕的是，它们负责思维的大脑几乎没有发育，这些家伙就跟篱笆桩一样蠢，它们无法准确控制自己的身体，甚至不能同时辨别出屁股和脑袋所在的位置。

◆霸王龙的后代数量少，但是会得到母亲的精心照顾

照顾后代是种脑力活，还需要有敏锐的感官，而波塞东龙两者都不具备，就只能采取这种以数量取胜的方式了。终其一生，一对波塞东龙所产下的卵能够达到成千上万枚，而孵出的幼龙却只有两三只能活到成年，这说明绝大多数后代都会被掠食动物杀死并吃掉。幸运的是，这么多的幼龙掠食动物不可能把它们全部吃掉，这就有了生存下去的可能。

刚孵化出来的波塞东龙没有角，也没有硬甲，没有任何的防护手段，谁都能够把它吃了，它们的生存概率只有万分之三左右。它们最好的防御手段就是尽快长大，同时尽量避开掠食者的视线。为了能快点成长，它们采取了一种看似颠覆生物学最基本规则的做法——起初的几年，这些食草动物成了食肉动物。为了摄取足够的蛋白质，非常多的幼龙会吃昆虫、小动物，还有肉类等，因为肉所含的营养物质在植物中是非常难获取的。波塞东龙还有另一个帮助它长大的窍门——就是中空的骨骼。它的脊椎骨、颈骨跟肋骨的骨壁大约只有几厘米厚，即使是四肢的骨密度也远远不及许多哺乳动物。像波塞东龙这种大型恐龙，只要二三十年就能够长到二三十吨，或者四五十吨重。它们的成长速度取决于年龄、季节以及食物的数量，骨轮会像树轮一样，记录下它整个的成长历程。

食肉恐龙则采取截然不同的育儿方式。与波塞东龙相比，霸王龙宝宝的数量要少得多，因此小霸王龙刚出生时会受到细致的呵护，这在白垩纪时期的生物中是极为少见的。霸王龙就像一位温柔的超级母亲，尽心尽力地将孩子抚养长大。原来，令人闻风丧胆的“暴君”竟然是所有恐龙中最会照顾孩子的。它们会把卵一个个排列好，保卫它们，并且留意它们每天的变化。成年霸王龙会看守巢穴 3 个月左右，确保后代存活下来，基因得以延续。刚孵出的小恐龙长 90 厘米，重 2.6 至 3.6 公斤，与体重 7 吨、体长 12 米的成年霸王龙生活在一起，非常难想象成年霸王龙要怎么样才能不踩到这些小东西，更别提要悉心保护它们，好好照顾它们了。不管小霸王龙往哪边看面前都是危险，有鳄鱼能够咕嘟一声吞下它，有风神翼龙在空中盘旋。如果你看过尼罗河上的鹳怎么吃小鳄鱼，你就能够想象 6500 万年前风神翼龙吃小霸王龙的情形，当霸王龙妈妈发现 6 个孩子一下变成 5 个，肯定会感到非常困惑的。

不过，对于小霸王龙来说，最大的威胁也许是来自山那边的另一群霸王龙。因为根据达尔文理论，掠食动物会尽可能地去消灭竞争对手，也就是其他的掠食动物。雄狮会保护幼崽不受其他雄狮侵袭，因为对方会将幼崽视为未来争夺猎物的对手。即使有父母的精心保护，小霸王龙的成长，还是危机重重啊。

霸王悲歌
——是什么打败了恐龙?

现在的地球上没有哪种动物像恐龙一样有如此大的体型，也没有哪种动物敢与恐龙的凶猛所抗衡，然而，这些史前霸主，这些统治了地球近两亿年的地球主人为什么会消失了呢?是不可抗拒的自然力量的摧毁?是自然选择的结果?还是……目前真正的原因还没有弄清楚，恐龙灭绝仍然是个未解之谜。本节为大家讲述科学家的种种推测，探索6500万年前的秘密。

◆恐龙想象画

不可抗拒的自然力量

地球上过去的生物均被记录在化石之中。在中生代的地层中曾发现许多恐龙的化石。其中发现各式各样形状的骨骼。但是在紧接着的新生代地层中，却完全看不到恐龙化石。由此可以推知恐龙在中生代时全部灭绝了。

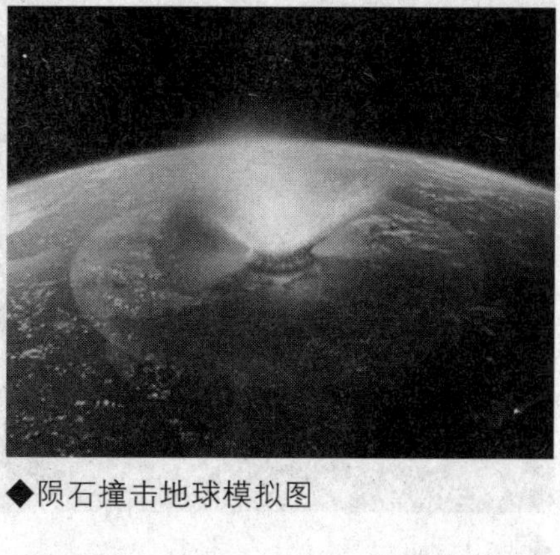

◆陨石撞击地球模拟图

有些科学家认为是强大的自然力量导致恐龙灭绝，这种认识有以下几种学说。

陨石碰撞说

大约距今 6500 万年前，一颗巨大的陨石撞击地球，使得君临地球长达一亿数千万年的恐龙绝种。这个理论是由加州大学柏克利分校的路易·阿尔巴列斯博士等四位科学家提出的。

这颗巨大的陨石直径大约 10 千米。因它撞击而造成的火山口地形直径也达 200 千米。而因撞击而产生的能量，若换算成黄色火药，则相当于 100 万亿吨那么多。粉尘的大量扩散导致地球持续了数个月的黑暗状态。在这段期间内，以恐龙为首的许多生物都因之而绝种。

彗星碰撞说

彗星碰撞说是以古生物学者大卫·劳普以及约翰·塞普柯斯基发表的“古生物的绝种是每 2600 万年发生一次”的论点为开端而产生的。路易·阿尔巴勒兹将这个论点及自己的理论送给天体物理学者查理·谬拉，后来谬拉就认为是由于太阳的半星复仇女神星的引力，周期性地把彗星推向地球的缘故。

造山运动说

在白垩纪末期发生的造山运动使沼泽干涸，许多以沼泽为家的恐龙无法再生活下去。因为气候变化，植物也发生改变，食草性恐龙不能适应新的食物，相继灭绝。草食性恐龙的灭绝，肉食性恐龙也失去了食物，结果也灭绝了。这个灭绝过程，持续了 1000 万年到 2000 万年。到了白垩纪末期，恐龙终于在地球上绝迹。

◆造山运动

气候变动说与火山喷发说

由于大陆移动，海流产生改变，引起气候巨大的改变。严寒的气候使植物死亡，食物缺乏导致了恐龙的灭亡。由于火山的爆发，二氧化碳大量喷出，造成地球强烈的温室效应，使生物大量死亡。而且，火山喷发使得盐素大量释放出来，臭氧层破裂，有害的紫外线照射到地球表面，造成生物灭亡。

自然选择的结果

物竞天择，适者生存。恐龙的灭绝有可能是由于其不适应当时的自然环境而被自然淘汰。这种学说有以下观点。

自相残杀说

有人认为造成恐龙灭绝的真正原因是自相残杀。肉食性恐龙以草食恐龙为食，肉食恐龙数目增加，草食恐龙自然会越来越少，最后终于消失，肉食恐龙因为无肉可食，就自相残杀，最后终于同归于尽。

◆恐龙自相残杀可能导致它们的灭绝

压迫学说

恐龙数目急增，在植物有限的情况下，先造成了草食性恐龙的灭绝，接着靠食用草食性恐龙为生的肉食性恐龙也因为食物的不足而死亡。

恐龙何以会在历经了长达约两亿年的生态平衡之后突然增加出这一问题成为此学说是否成立的关键，也直接造成了许多学者对恐龙异常增加的原因进行探讨。

物种老化说

有人认为，由于恐龙繁荣期长达一亿数千万年，使得肉体过于巨体化。而且，角和其他骨骼也出现异常发达的现象，在生活上产生极大的不便，终于导致绝种。

恐龙中最具代表性的雷龙，体长25米左右，体重达到30吨，由于体型过于庞大，使动作迟钝而丧失了生活能力。另外，三角龙等恐龙则因为不断巨大化的三只角以及保护头部的骨骼等部位异常发达，反而走向了自灭之途。

不过，并非所有的恐龙体型都是如此庞大，也有体长仅仅1米左右的小恐龙。另外，也有骨骼像鹿一般，能够轻快奔跑的恐龙。但为什么这种恐龙也会同时绝种呢？

而且，异常发达的骨骼等部位在冷血动物体内能够吸收外界的温度，也能够放出体内的热，以调节身体的温度，具有非常有利于生存的功能。由此可知，这种说法非常经不起推敲，因此从很久以前开始，就有不少人对恐龙因种的老化而绝种的说法表示出怀疑。

哺乳类动物侵犯说

在中生代后半期，已有哺乳类动物的祖先存在。根据化石记录，当时哺乳类动物体型甚小，数量也十分有限，直到白垩纪后期，数量才开始急速增加。推测它们属于以昆虫等为主食的杂食性动物，这些小型哺乳类动物发现恐龙的卵后，即不断取而食之。

真是如此吗？如果是哺乳类动物战胜了恐龙，那么随着哺乳类动物化石的增加，恐龙的化石应该逐渐减少才对，但事实上并没有出现这种化石交替的现象。

哺乳类动物化石的真正增加是在恐龙的时代终止之后，而且，恐龙化石是在突然之间消失的，因此，恐龙被哺乳类动物消灭之说也是不能成立的。

其他学说

此外还有一些其他学说，如恶性传染病、来自宇宙的放射线、超新星的爆炸、太阳系振动说、诺亚方舟等，究竟哪一种说法是正确的呢？目前无人知晓。

侏罗纪的噩梦是否会成真
——恐龙能重回地球吗？

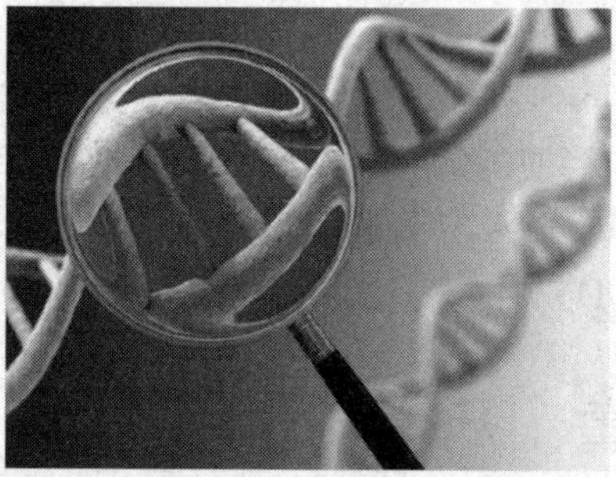

◆DNA 双螺旋结构的发现能帮助恐龙重回地球吗？

恐龙，地球曾经的霸主，如今已成为历史。在我们发现、考察、学习恐龙，认识到恐龙的盛极一时的同时，我们有可能会好奇地想，恐龙还能不能重回地球？人类还能不能见到活恐龙？这是个复杂而有深意的问题在恐龙留给我们的化石中到底保存着什么样的生命信息？在 21 世纪的今天，我们能否用现代的生物技术复活曾经的地球主人呢？如果真的能够将地球曾经的主人复活成功，我们又该如何与它们对话呢？本节从科学角度和社会角度共同来探讨恐龙能否重回地球。

复活恐龙的理论

电影《侏罗纪公园》讲述了一个复活恐龙的故事。故事中的复活原理是：科学家从一块史前琥珀里找到了一只蚊子，而在这只蚊子身上蕴藏着一个巨大的秘密。原来在被包进树脂之前，这只蚊子刚刚吸过恐龙血，因此，它的身体里保存着恐龙的血液成分。科学家就从这只蚊子身上提取出了恐龙的 DNA，并且成功地复活了恐龙。

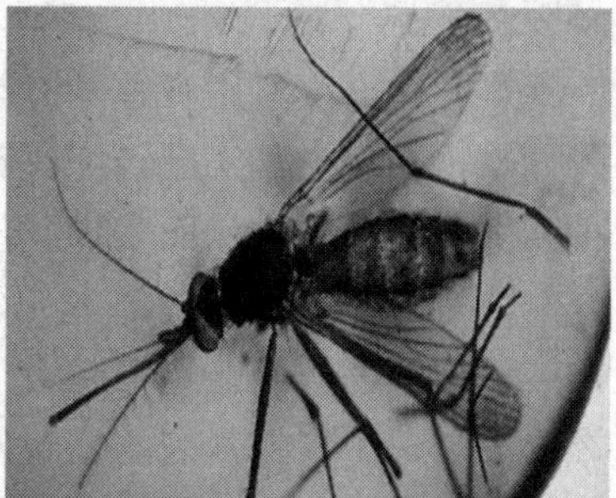

◆琥珀中的蚊子可能携带有恐龙的 DNA

点击——什么是DNA

DNA是几乎所有生物的生命蓝图，生物体的一切遗传信息都贮存在DNA分子的双螺旋之中，它控制着各种生物独特的习性和外表。得到了恐龙的DNA也就意味着得到了恐龙的生命蓝图。然而，要从远古的琥珀里提取到恐龙的DNA，真的像电影里形容的那么轻而易举吗？而且，经过数千万年的岁月变迁，琥珀里保存的遗传物质到底还能不能复活呢？

科学家分析，如果蚊子吸的真是恐龙的血，理论上是能够检测到恐龙的DNA的，但是仅仅是DNA片段而已。当时的病毒、细菌以及其他东西会不会进去，谁也不知道，现在提取到的DNA究竟是不是恐龙本身的，还是进去了一些病毒，或者是其他东西的DNA，还需进一步鉴定。

问题重重

对于复活恐龙来说，要从化石里提取出完整的恐龙DNA，那是一件非常困难的事情。一方面化石经过那么长时间，会受到细菌病毒之类微生物的污染；另一方面，在提取过程中，如果处理不好的话，也会对这个DNA造成一定程度的污染。所以，如果只有一些DNA片段，而没有完整恐龙DNA链的话，我们还是制造不出恐龙。在《侏罗纪公园》这部电影里，科学家们也遇到了这种情况，他们想了一个什么样的办法来解决这个问题呢？

影片中科学家用青蛙的基因补全了恐龙不完整的部分。这种技术目前我们在植物身上其实已经广泛利用，大家平时吃的转基因蔬菜就是经过这种基因拼接技术改良而来的。但是，青蛙和恐龙的区别那么大，用这样的办法能造出货真价实的恐龙吗？科学家分析，若恐龙的DNA整合到青蛙的染色体上，假设能生出后代来，也不是恐龙，而是一个嵌合体。果然，影片中加入了青蛙基因的恐龙发生了令人意想不到的变异。

值得庆幸的是，美国的科学家前不久就在霸王龙的化石里找到了一些富有弹性的软组织，其中还包括有完整的骨细胞和一些血管。而要提取这些软组织里的DNA，比起电影里，它的希望要大得多。美国的科学家也表

示他们正在尝试提取恐龙的DNA，但是，要想让恐龙复活还有两个问题必须解决。

◆恐龙蛋化石

在电影里，小恐龙都是在保温箱里破壳而出的，但是，我们不可能凭空孕育出恐龙蛋，必须要找到胚胎的培育受体，才会有恐龙蛋的存在，那么到哪里去找适合培育恐龙的受体呢？现代的大型动物，比如大象、鲸鱼、鸵鸟也都具有庞大的身躯，可是要把恐龙的胚胎移植在这些动物的身体里，恐龙能存活下来吗？

因为恐龙生出来的幼仔体型也是非常大的，所以这个受体就非常难找到，目前地球上的大型动物没有像恐龙那样巨大的，而且现代生物与恐龙的差别非常大，所以要易种进行胚胎移植的话，难度非常大。当然，并非所有的恐龙都是庞然大物，也有小恐龙种类，完全能够找到体积相同的现代动物作受体。然而在影片里，这些小恐龙却是致命的危险动物。

除了以上问题外，还有一个非常重要的问题不能解决。影片中科学家在参观途中发现一只生病的三角龙，躺在地上奄奄一息。原来是因为三角龙无法消化现代植物，因此出现了中毒现象。而且，对它们的生存造成巨大威胁的，不仅仅是现代动植物，还有它们赖以呼吸的空气。现代的大气成分和远古时期有非常大的差异，如果我们真的要使恐龙复活，就必须把远古时期的动植物和大气成分全部复原，这可不是轻而易举就能完成的工作。

链 接

基因工程

基因拼接技术又叫基因工程、基因重组。通俗地说，就是按照人的意愿，把一种生物的某种基因提取出来，加以修饰改造，然后放到另一种生物的细胞里，定向改造生物的遗传性状。

——摘自《高中生物必修》2

该不该复活恐龙呢

◆电影《侏罗纪公园》画面

在所有假设都成立的前提下，科学家们首先找到恐龙的完整遗传基因，然后又寻找到适合的培育受体，在孵化出恐龙后又能够为它们还原出中生代的环境，那么我们梦想中的恐龙乐园是否就真的能存在了呢？恐龙会容许我们坐在游览车上窥视它们的一举一动吗？如果这些远古巨兽有一天真的来到我们身边，我们又该如何面对它们呢？

其实，对于该不该进行古生物复活的研究，学术界和全社会都有争论，绝大多数的科学家认为，复制恐龙在理论上的确是有可能实现，但是难度非常大。如果这是一种可控的实验室行为，那么作为学术研究是无可厚非的。但是，如果像电影《侏罗纪公园》里那样通过复制恐龙而去人为地改变自然，那么这种行为就值得商榷了。毕竟，我们复制出的是恐龙还是某个怪物，复制出的恐龙在现在的自然环境中会出现什么样的反应，这些问题都没有人能够回答。而事实上，在《侏罗纪公园》这部电影中，导演已经通过许许多多灾难性的场景表达了这种对人为干预自然进程的担忧了。所以，人们梦想中的“侏罗纪公园”有可能永远都只是一个梦。况且，恐龙毕竟曾经是地球上的霸主，哪怕是出于敬意，我们也不应该造出“侏罗纪公园”这样的产物，而这，也是对我们自己的一种尊敬。

铜嘴钢牙

——牙尖嘴利的动物

大自然使动物们磨炼了一副副铁齿铜牙。锋利的牙齿，巨大的嘴巴，是很多动物的制胜法宝，毕竟食物是从这里进肚子的。狮子那几乎占据了头部 1/2 的血盆大口，老虎的那长而锃亮的利牙，鳄鱼那如刀锯一般的长嘴，以及狼和鬣狗的伶俐牙齿，无不令我们联想到血腥与狂野。这些动物凭借过硬的“嘴上功夫”成为危险动物中重要的一族。

这些拥有超凡“武器”的危险动物是如何展示它们的本领的呢？它们的“武器”又有哪些不同点呢？请赶快走进铜嘴钢牙的世界吧。

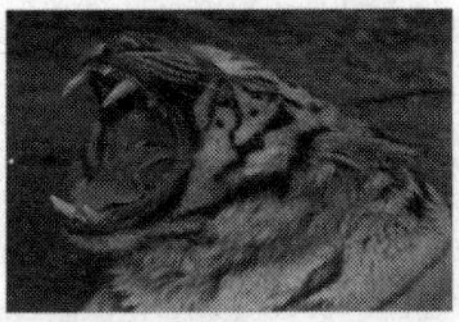

来自远古的杀手——鳄

一身坚硬且凹凸不平的“钢甲”，一张占据头的大部分的血盆大口，四肢短小却吓人的爪子，还有一根长满刺儿的粗大尾巴，这个古怪而凶神恶煞的家伙你一定不陌生，它就是本节的主角——鳄鱼。

◆鳄

这个乍一看好似恐龙近亲的家伙是种很古老的生物，在热带雨林的水塘中，在河岸沙滩边，在我国的长江里，都有它的身影。别看它的个头不大，但它可是名副其实的捕猎高手，很多大型动物都丧命在这些血腥大口之中了。鳄鱼到底有什么秘密武器呢？在本篇中你将感受到它的残暴与凶狠。

河中的潜在危险

一提到鳄鱼，你立刻会想到血盆大口，密布的尖利牙齿，全身坚硬的盔甲，时刻准备进攻的神态。鳄鱼的视觉、听觉都很敏锐，它的外貌虽笨拙，但动作却十分灵活。鳄鱼的这副模样就是为专门吃肉而生的，所有动物包括人都可能成为

> 由于体内氨基酸链的结构，使鳄鱼供氧储氧能力较强，因而鳄鱼具有长寿的特征。一般鳄鱼平均寿命高达150岁。

它的口中餐，再凶猛的动物见了它也只能主动避让，绝不敢轻易招惹它。

看似平静的水面，很可能就有一张可怕的大嘴在等待着，若有陆上生物不小心进入这片危险区，这张大嘴就会毫不留情地将其吞噬。鳄，就是以这种方式进行猎食的。白天它一般伏睡在林荫之下或潜游在水底，夜间外出觅食。它极善潜水，可在水底潜伏 10 小时以上。如果在陆地上遇到敌人或猎捕食物时，它能纵跳抓扑，纵扑不到时，它那巨大的尾巴还可以猛烈横扫，是个很难对付的危险分子。它的牙齿脱落下来后能够很快重新长出，那张又长又宽像钳子一样的大嘴会把食物夹住然后囫囵吞下去。当鳄鱼扑到较大的陆生动物时，它不能把它们咬死，而是把它们拖入水中淹死；相反，当鳄鱼扑到较大水生动物时，会把它们抛至陆地，使猎物因缺氧而死。在遇到大块食物不能吞咽的时候，鳄鱼往往用大嘴“夹”住食物在石头或树干上猛烈摔打，直到把它摔软或摔碎后再张口吞下。如还不行，它干脆把猎物暂丢一旁，任其自然烂去，等烂到可以吞食了，再吞下去。

点 击

扬子鳄

扬子鳄是中国特有的一种鳄鱼，它是世界上体型最细小的鳄鱼品种之一。扬子鳄既是古老的，又是现在生存数量非常稀少、世界上濒临灭绝的爬行动物。在扬子鳄身上，至今还可以找到早先恐龙类爬行动物的许多特征。所以，人们称扬子鳄为“活化石”。因此，扬子鳄对于人们研究古代爬行动物的兴衰和研究古地质学和生物的进化都有重要意义。我国已经把扬子鳄列为国家一类保护动物，严禁捕杀。为了使这种珍贵动物的种族能够延续下去，我国还在安徽、浙江等地建立了扬子鳄的自然保护区和人工养殖场。

大尾如桨

鳄鱼是爬行动物，照理它的四肢和腹部应很发达，这样既可以在陆地上爬行，在水里也可游动。可是，鳄鱼的四肢虽然粗大有力，但却太短，完全不能在水中游动，所以，它的尾巴便显示出优越性。鳄鱼的尾巴是它在水里唯一的游泳器官。鳄鱼扁平的大尾巴在水中犹如一支船桨，一划一

◆鳄鱼的尾巴是鳄鱼唯一的游泳器官

划推动着鳄鱼前进。但是在陆地上，鳄鱼却为自己的这条大尾巴付出了代价。鳄鱼的四肢虽然强健有力，但在陆地上它的爬行却只能坚持很短的距离，长距离地爬行十分困难，这全是因为尾巴的拖累。也许正因为此，鳄鱼在进化过程中最终也没能从水中爬到陆地而成为陆生动物，一辈子都依仗着那条大尾巴在水中称王称霸。

强大的胃

◆鳄鱼的牙齿虽然锋利，但是没有咀嚼功能，消化食物主要靠胃

人类的口腔具有初步消化食物的功能，食物可以在牙齿的咀嚼下，被唾液初步消化。但是，鳄鱼的牙齿与人类的不同，它的牙齿虽然看起来锋利，但是没有咀嚼功能，只能将食物撕碎；食物在口腔里基本上是被囫囵吞下肚的。正因为鳄鱼的牙齿不能嚼碎食物，所以“上帝”又赐给了它一个特殊的胃。这个胃分泌的胃酸多且酸度高，使鳄鱼的消化功能特别好。此外，鳄鱼也像鸡一样，经常吞食些沙石来促进消化，待猎物进入鳄鱼的胃之后，沉积在胃内的石块可将猎物的骨头和硬壳磨碎。石块堪称为鳄鱼的“粉碎机”和“消化剂”。

神秘的双眼

鳄鱼的眼睛同它的眼泪一样具有神秘的色彩。细心人一定会发现，鳄

◆鳄鱼突出的眼睛有利于捕猎

◆我国境内的珍贵鳄鱼——扬子鳄

鱼的眼睛突生在头上部，这使它可以采取一种“偷猎法”取食。鳄鱼常常潜伏在水底探视水面的动静，一旦发现目标，它便在水底潜行，使水面猎物毫无觉察，只是在接近猎物的那一瞬间，便以迅雷不及掩耳之势向上猛冲，将猎物捕获，大饱一顿口福。据此科学家们推断，古代鳄鱼是历经了漫长的进化后，眼睛才慢慢地移到头上部，演变为现代的具偷猎式绝技的动物。由此警醒人们，在鳄鱼经常出没的地区，除了在水中要提防鳄鱼攻击外，更重要的是在河边陆地也要谨防鳄鱼的袭击。正是由于许多人的疏忽大意，才导致鳄鱼食人悲剧的频频发生。

不过，人类从鳄鱼的眼睛上也发现了这个家伙的弱点，找到了对付这个家伙的良策。美国佛罗里达州一位 71 岁高龄的老者，不慎跌入一条运河中。当他拼命往岸边爬去时，竟无意踩到了一只鳄鱼，老人惊恐万状，心想活不成了。突然，昔日电视上动物世界中鳄鱼的节目呈现在眼前。节目告诉人们面对鳄鱼进攻时，要勇敢地用手指直戳鳄鱼的眼睛。不曾想，这一着真见效。鳄鱼立即放开老人逃之夭夭，老人得救了。古巴一鳄鱼养殖场的工人埃斯卡梅尔在打扫鳄鱼栖巢时，一条鳄鱼兽性大发，突然窜出咬住他的头部，血如泉涌，在这危急时刻，埃斯卡梅尔强忍剧痛，使尽全身力气，将两只手的拇指直插入鳄鱼的双眼，乘鳄鱼张开血口之际逃生了。澳大利亚有一家 7 口人住在达尔文市以南 200 公里海湾的帐篷里。入睡至午夜时分，一条足有4.5米长的鳄鱼爬进帐篷，一口咬住了60岁的老妇。30岁的儿子惊醒后，立即狠命地朝鳄鱼眼睛打了一拳，夺下老母，鳄鱼无心再战，只好败兴而逃。由此证明，巧击鳄鱼双眼不失是个在危难关头对付鳄鱼的好方法。

链接——鳄鱼的起源

鳄鱼乃恐龙家族的近亲，大约在1.4亿年以前就在地球上生活。由于自然环境的变化，恐龙家族中的其他成员都逐渐灭绝，只有鳄鱼顽强地坚持繁衍至今。但历经劫难也使得鳄鱼家族由原来的23个品种减至8个，有15个品种从地球上消失。所以，科学家也称它为活化石。

鳄鱼是脊椎动物，属脊椎类中的爬行类。淡水鳄生活在江河湖沼之中，咸水鳄则主要集中在温湿的海滨。鳄鱼一般身长4到5米，头部扁平，嘴长，全身长满角质鳞片，长长的尾巴呈侧扁形，四肢短小，前肢5趾，后肢4趾，趾间有蹼，冷眼看那形象，还真和恐龙相差不多。

点击——鳄鱼的眼泪

相传鳄鱼在吃掉猎物之后，还会为自己吃掉的动物流下悲伤的眼泪。后来，人们用“鳄鱼的眼泪”来比喻那种虚情假意的伪君子的假慈悲。

◆鳄鱼的眼泪是悲还是喜?

那么，鳄鱼到底流不流眼泪呢？这个问题人们一下子难以回答。为了弄清传说的正确性，瑞典科学家范盖和尼尔松两人决定实地考证一番。20世纪70年代，两位科学家冒着生命危险考察终于发现鳄鱼真的会流眼泪。

原来，鳄鱼的肾脏发育不全，它体内又有多余的盐分，那么，鳄鱼是用什么办法排出这多余的盐分呢？鳄鱼生有一种特殊的腺体，恰巧长在眼睛里，可借用该腺体排泄多余的盐分，这样，每当腺体活动时，残暴的鳄鱼就像是在流着痛苦的眼泪一样。

轶闻趣事——在鳄鱼嘴边起舞的“牙签”

◆鳄鱼和它的“牙签”

尼罗鳄虽然凶猛，但是有一种鸟却可以和它亲密接触，在它“锯齿”样的牙齿下自由活动，这就是“牙签鸟”。

牙签鸟即千鸟，它是一种小型鸟类，因经常扮演鳄鱼牙签的角色，甚至会在鳄鱼口中繁殖后代，故名“牙签鸟”，又名燕千鸟。尼罗鳄和千鸟属共生关系，互惠互利：千鸟可以经常在鳄鱼身上找到小虫吃；鳄鱼可以在千鸟的帮助下清除体内的一些寄生虫。比如千鸟有时能进入鳄鱼嘴里啄食寄生于鳄鱼口内的水蛭，另外，千鸟是一种感觉敏锐的鸟类，只要听到一点动静，就会惊起，这使它可以充当鳄鱼的警卫：有异样响声时，千鸟会立即喧噪，从而惊醒正在睡梦中的鳄鱼，鳄鱼就可以立即沉入水底，避免意外的袭击。

广角镜——肽蛋白杀菌

鳄鱼一般生活在环境比较差的地方，那里细菌非常多。按理说鳄鱼生活在那样的地方会很容易生病，可是长期以来，鳄鱼几乎都是健康的。鳄鱼的皮肤假若擦破了一点皮，因为它长期生活在水中，细菌应该会侵入鳄鱼的体内，可是鳄鱼却没事。过些时日，鳄鱼的伤口却好了。而且经检查，鳄鱼体内并没有发现病菌。这又是为什么呢？科学家为此做了一项实验。

科学家从鳄鱼体内提取出血清，他们猜测有可能是鳄鱼的血液在发挥作用。为了证明自己的猜测是否正确，科学家便把鳄鱼血清和才出现 50 年就对人们造成巨大伤害的葡萄球菌放在一个密封的容器里观察。一段时间后，科学家拿出容器一看，鳄鱼血清战胜了葡萄球菌。容器中间那明显的圆圈就是鳄鱼血清形成的病菌禁止生长区，只要葡萄球菌一进入那个圆圈，便会立刻被鳄鱼血清杀死。没想到鳄鱼血清功效如此之强大，估计也是鳄鱼抵抗力很强的一个原因。那么，鳄鱼血清为何会杀菌呢？从鳄鱼血清中提取出来的肽蛋白给出了答案。鳄鱼血清肽蛋白有可能成为史上最强大的抗生素。

兽中我称王——虎

◆兽中之王——老虎

你一定在动物园或电视上见过老虎，它那凶猛的神态，漂亮的体毛，震天响的吼叫是不是给你留下了难以忘记的印象？

我们形容一个人有胆量，用“虎胆龙威”；我们形容一个人很强壮，用“虎背熊腰”；法国前总统威尔逊也因他的气魄而被称为“老虎总统”。可见，虎真的是威猛的象征。

那你有没有想过，老虎是怎样生活的？它缘何能成为兽中之王？又为何濒临灭绝呢？下面，就让我们一起走近老虎，去解读它们的秘密。

敏锐的眼睛迅捷的速度

虎最频繁的活动时间大多是在傍晚或黄昏，如果夜间有灯光照射，老虎的双眼会呈现出鲜艳的绿色反光，很远就可以看到。东北虎最发达的感觉器官是它的一对耳朵，虎凭借着超强的听觉能力能够捕捉到森林中最微妙的声音，感觉出不同动物、树枝、花叶等发出的种种声响。一旦分辨出它所喜爱的猎物的声音，耳朵会立刻转向响声发出的方

> 据目前化石分析，一般认为虎发源于亚洲东部，也就是我国东部地区(长江下游)。

向，神情也跟着变得专注起来。

老虎的奔跑速度高达 20 米/秒以上，百米开外瞬间即到。虎的行走能力也很强，一昼夜行走 80 到 90 千米不在话下，即便地面被厚厚的雪层覆盖，一般也能走 20 到 50 千米。虎的跳跃能力也很好，一跳长度约 5 到 7 米，高度可达 2 米。

点击——白虎

虎一般为金底黑纹，很少有其他颜色，这应该是长期自然选择的结果。记载或传说中白底黑纹的白虎却非常罕见。一只野生孟加拉白虎被人类发现，并予以人工饲养育种，结果培育出一些白虎。现今全世界的动物园里共 200 多只白虎全是那只野生孟加拉白虎的后代。可能因为基数少的原因，其他虎的亚种还没有先于白虎被发现。据说分布在俄罗斯的东北虎也曾发现过白色变种。

◆白虎

致命的一扑

老虎遇到猎物时会低伏，并且寻找掩护，慢慢潜近猎物，等到猎物进入攻击距离内，就突然跃出，攻其背部，这是为了避免遭到猎物反抗受伤。老虎会先用爪子抓穿猎物的背部并且把它拖倒在地，再用锐利的犬齿紧咬住猎物的咽喉使其窒息，不然就是咬断颈椎，直到猎物死亡才松口。在抓住和杀死猎物时，老虎常选择咽喉、后颈、背椎等部位攻击。具体攻击哪个部位，主要由猎物的体型、攻击时的路线（是从前方、后方还是侧方攻击），以及猎物在受攻击时的反应等因素综合决定。这种攻击方式也是猫科动物最典型的攻击方法。

◆老虎捕猎

老虎攻击猎物的后颈会尽可能靠近头骨，咬断或压碎猎物的颈椎。猎物常被拖走并掩盖。老虎的力气极其大。举个例子：在缅甸老虎拖走了13个男人不曾拖动的白肢野牛的尸体。老虎一次能吃18到40千克肉。老虎喜欢从猎物的臀部吃起。如果没被打扰，在接下来的3到6天内，老虎会回来继续享用自己的战果。老虎一周只需捕捉一只大猎物。老虎非常谨慎，只在危险性最低时攻击猎物。

虎最精良的攻击武器就是粗壮、锐利的牙齿和可伸缩的利爪。虎的牙齿像一把把锋利的餐刀，四颗犬齿粗壮有力，长3到5厘米，相当于拇指粗，可以将野猪等大型动物颈椎骨咬断，也可咬住咽喉，将猎物的气管切开，这是虎极其重要的攻击方式；虎的上下颌各有6颗门齿，用于撕咬猎物的毛皮和拉扯、拖运猎物；还有14颗臼齿，用于切断猎物，臼齿的咬合力非常强，甚至可以咬断猎物的大腿骨。

虎爪也是捕杀猎物的有力武器，一爪下去可将猎物撕得皮开肉绽。并且虎爪能自由伸缩，在行走时爪缩回爪鞘，避免摩擦地面。虎的四肢粗壮，强健有力，周身肌肉群非常发达，它的肌肉重量可占全身重量的70%左右。

老虎捕食时异常凶猛、迅速而果断，以消耗最小的能量来获取尽可能大的收获为原则。但捕食猛兽时，若没有足够的把握绝对不干。

小知识

虎的智慧

虎攻击人一般不会选择正面，印度农民用头后戴假面具的方式避免遭受老虎攻击（此法开始一段时间有效，不过后来就无效了，可见虎是非常聪明的，识破了人的假面）。

拓展思考

为什么老虎的皮毛附有条纹？

老虎身上的黑色条纹是一种伪装，能够帮助老虎更好地隐藏而不被猎物发现。苏门答腊虎比其他种类的老虎身上的条纹都要多，而西伯利亚虎身上的条纹是最少的。老虎的条纹和脸谱就像人类的指纹一样，没有两只老虎拥有完全相同形状的条纹和脸谱。

点击——虎的外形特征

◆看看老虎的外貌特征

虎身形巨大，体长约 2 到 3.5 米，亚种中以东北虎体型为最大，而苏门答腊虎体型则最小。虎的体毛颜色有浅黄、桔红等色。它们雄伟的身体上覆盖着黑色或深棕色的横向条纹，条纹一直延伸到胸腹部，胸腹部的毛底色很浅，一般为乳白色。生活在俄罗斯东部和中国北部的东北虎在几个亚种中体毛最长，那是为了抵挡北地的酷寒。一般来说，所有的虎，冬天的毛都会比夏天长，体毛颜色和花纹也会比较浅。虎的头骨滚圆，脸颊四周环绕着一圈较长的颊毛，这使它们看起来威风凛凛。雄性虎的颊毛一般比雌性长，特别是苏门答腊虎。虎的鼻骨比较长，鼻头一般是粉色的，有时还带有黑点。虎的耳朵很短，形状如半圆，耳背是黑色的，中间有个明显的大白斑。虎的四肢强壮有力，前肢比后肢更为强健。虎的尾巴又粗又长，并有黑色环纹环绕，尾尖通常是黑色的。

濒临灭绝的处境

我国从 20 世纪 50 年代末开始发布保护虎的规定，1989 年把虎作为国家一级保护动物进行重点保护，建立了自然保护区，并在许多动物园进行东北虎和华南虎的人工繁殖。在黑龙江省的猫科动物繁育中心，人工繁殖的东北虎已多达 70 多只。全国动物园中圈养的华南虎共约 70 只，但多为近亲繁殖，华南虎圈养繁殖的前途不容乐观。

在 2009 年最新发布的“全世界濒临灭绝十大动物”中虎排行第一。

2010 年，有关部门统计，全球仅剩 3200 只老虎……

老虎是地球大家庭的一员，它们为维持生态稳定性，促进动物的进化与发展作出了巨大贡献，我们应敬畏它们，关爱它们，将它们从濒临灭绝的险境中挽救回来。

小贴士——布老虎和虎头鞋的来历

布老虎的来历

◆布老虎和伏羲女娲还有关系哦

相传，上古时代由于“天塌地陷”，人间只剩下伏羲、女娲兄妹二人。为繁衍人类，两人就各自去寻找配偶。因遍寻无人，俩人便以滚磨为媒。女娲因羞于见兄长，就扮成老虎，用草帽遮面，与伏羲成婚，使华夏民族得以延续。后人就用布老虎的形象来纪念女娲。所以布老虎不是普通意义上的装饰品、吉祥物和玩具，它反映了华夏子孙对人祖伏羲、女娲的怀念与敬仰，是早期人类繁衍崇拜的物化象征。据说，女子结婚时头上要顶红盖头，也是由女娲草帽遮面演变而来的。

◆虎头鞋是我们童年记忆中不可缺少的一抹颜色

虎头鞋的来历

很久很久以前，扬州古城内住着一位叫大羊的善良船夫。一位老人将一幅古画送给他，画中是一位美丽的姑娘正在用针线缝制一双虎头鞋。没想到，晚上，画中的姑娘突然从画中走了下来，与大羊一起生活，并且生了一个男孩。村长得知后，抢走了古画。孩子穿着妈妈做的虎头鞋，不停地要妈妈。他稍长大后，穿着虎头鞋到村长家，与村长搏斗，虎头鞋从男孩的脚上松脱下来，变成猛虎，扑向村长。虎头鞋拯救了母子俩和他们的家庭。从那以后，人们开始为自家的孩子制作虎头鞋，期望它能够保佑孩子与家庭永远平安。

草原我最大——狮

◆标致汽车的标志

你看过《狮子王》这部动画片吗？那里面的狮王威风凛凛，雄壮矫健，勇敢地同邪恶势力作斗争。在人们心目中，狮子是一种有着帝王之气的动物，标致、荣威、霍顿等汽车的品牌形象也以狮来代表。漂亮的外形、威武的身姿、王者般的力量和梦幻般的速度完美结合，使狮子赢得了“万兽之王”的美誉。

在莽莽草原上，狮子是如何捕猎的？狮子又有哪些关于领地的“规矩”呢？雄狮和雌狮之间有哪些不同点呢？本节一一为你解答。

生育之谜

◆亚洲狮

狮群中的母狮在任何时候都可能会进入婚配状态，而且母狮们在这点上总有同步性，这种奇特有趣的现象科学家们还没能透彻了解其背后的本质。不过，这种生理特点保证了幼狮年龄基本相当，每个妈妈都能给不同的孩子哺乳，当有些妈妈出去捕猎，剩下的妈妈就会义不容辞地担当起“奶妈”的工作。而且没生育的母狮也会负起照看幼

狮的责任，为它们舔毛，陪它们一起玩耍。

链接——狮的外貌速写

狮是唯一一种雌雄两态的猫科动物。狮是强大的猫科动物之一。公狮体长1.2到2.5米（不带尾巴。亚洲狮和非洲狮全包括在内），体重可达150到180千克；母狮也有130到160千克左右，体重较雄狮稍轻一些。

◆雌狮和雄狮

狮的毛发短，体色有浅灰、黄色或茶色，雌雄狮不同的是雄狮长有长长的鬃毛，鬃毛有淡棕色、深棕色、黑色等等，长长的鬃毛一直延伸至肩部和胸部。研究表明，雄狮鬃毛的主要功能是夸张体形，起到一定的威吓作用。狮头较大，脸型较宽，鼻骨较长，鼻头是黑色的。狮的耳朵比较短小，母狮的耳朵好像是个短短的半圆，而美洲狮的耳朵则比较长，耳尖也比较明显。

捕食过程大剪影

狮群中往往是由女士肩负起狩猎工作的。母狮合作狩猎的成功率远远高于其他猫科动物，是世界上最强大的猎食动物之一。它们不论白天和黑夜都可以出击，不过夜间的成功率会更高一些，尤其是月黑风高的夜晚。风对狮捕食影响很大，有时风会将它们的气味带

◆狮群正在捕食一头斑马

给猎物。不过要是遇到大风天，狮群就会占大便宜，因为风吹草动制造的响声会掩盖这些女猎手潜行发出的声音。这些巾帼英雄们总是协同配合，尤其当猎物个头比较大的时候。这些女士们会从四周悄然靠近猎物，并逐步缩小包围圈，其中有些负责驱赶猎物，其他的则等待伏击，一般十拿九稳。但狮子单独捕猎的成功率只有 20%左右。如果狩猎地比较容易藏身，它们的成功率才会大些。

狮群狩猎时总是小心翼翼地靠近目标，尽可能地利用一切可以利用的掩体隐藏自己，当逼近猎物到 30 多米的距离时，会突然、迅疾地向目标扑过去，它们奔跑的速度可以达到 60 千米/小时。狮子会在奔跑中贴靠猎物，然后伺机一口咬住猎物的颈部直到它窒息死去。

广角镜——狮群的“规矩”

狮群中的母狮基本是稳定不变的，它们一般自出生直至死亡都待在同一个狮群中。当然狮群也会接纳新来的母狮。但公狮常常是更换的，它们在一个狮群内通常只待两年左右（但也有长达 6 年的记录），要么是被年轻力壮且更有魅力的雄狮赶走，要么是自己厌烦了想离家出走去寻找新的恋情。还有，刚成年的雄狮也会被狮群强制赶走，实施独立制。这么一来，草原上就会多了一些无家可归的雄狮，这里有涉世未深的青少年，有依然散发着魅力的壮年冒险家，还有被打败驱赶出狮群的老头子。这些流浪汉有时独自行动，有时干脆组成男性互助小组，在其中的成员征服另一个狮群之前，它们就是同甘苦共患难的好哥们儿，在草原上四处游荡，追踪迁徙的猎物群。听说还有些雄狮本事和魅力大到能控制附近的其他狮群，能同时维持两个“家”。

知识窗

雄狮为什么怒吼？

狮子爱吼叫，而且会经常性地吼叫。这并不是狮子表示愤怒，其实它的吼叫主要为了宣示其领地，威慑其他狮子或食肉动物使它们不敢进入自己领地，显示它的威风。狮子是所有猫科动物中吼声最大，也是次声波传播最远的动物，这得益于狮子发达的喉软骨。有新的狮王打败老狮王后会长时间大吼，甚至能连续吼几夜，以宣示新狮王诞生了。

狮群面临的困境

狮最大的天敌当然还是武装到牙齿的现代人类。而且人类对狮群的猎杀活动绝大多数和生存毫无关系，只是为了满足不正常的杀戮欲。正是因为人类欲望的膨胀，使得非洲的两个狮亚种莫名灭绝，亚洲狮也几近灭亡。如今这种非正常行为虽然少了很多，不过非洲狮还要面临生存环境被破坏、栖息地丧失和疾病的困扰。爆发在草原上的传染病能在很短时间内夺去数万头动物的性命，例如肺结核和猫艾滋（FIV）。

◆被人类灭绝的巴巴里狮

亚洲狮同样也面临栖息地的问题。300 多头亚洲狮一起挤在 1400 多平方公里的保护区里，确实压力很大。据说人们有计划要将一部分亚洲狮迁移到其他保护区，为的是一旦出现疾病爆发或其他灾难，狮群不至于全军覆没。不过在这个人口压力巨大的“国家”，实施此计划确实也具有一定难度。狮群的前景令人担忧。

小贴士——民间舞狮

舞狮是我国一种传统的民间艺术，每逢元宵佳节或集会庆典，民间都会以舞狮来助兴。这一习俗早在三国时期开始出现，南北朝时期逐渐流行，至今已有一千多年的历史。

表演者在锣鼓音乐声的伴奏下，装扮成狮子的模样，翻滚跳跃，做出狮子的各种形态、动作。中国民俗传统认为舞狮可以驱邪避鬼，故此每逢喜庆节日，人们都喜欢舞狮这种庆祝形式。

◆舞狮

舞狮亦跟随华人移居海外而闻名于世，马来西亚、新加坡等地舞狮相当盛行。旅居欧美的海外华人亦组织不少醒狮会，每年的春节或重大喜庆日，他们都会在世界各地舞狮庆祝。

伯仲之争——老虎与狮子谁更厉害

老虎是森林中的老大，狮子是草原的霸主，这两大食肉的猫科动物都是动物中的佼佼者。那一定有人会问：“老虎与狮子到底谁更厉害呢?”这还真的不好说，它们都有钢劲的牙齿，锐利的爪子，满身的肌肉，迅猛的速度，凭我们的想象恐怕得不出来一个结果。那就让我们科学地分析分析，评判出王者中的王者。

◆老虎与狮子谁更厉害呢?

各有千秋

老虎大多生活在亚洲，狮子大多生活在非洲，老虎常活动在森林里，而狮子却奔驰在草原上，所以自然情况下，老虎与狮子并没有机会较量，我们也看不到老虎与狮子之间的争斗。我们只能通过相关的资料，科学的分析，比较两者的优劣。

◆狮虎争斗

世界上现存的老虎有许多亚种，比如华南虎，西伯利亚虎（东北虎），孟加拉虎，苏门答腊虎，印支虎等。其中西伯利亚虎体型最

◆老虎爬树

大，成年雄虎体长可达 3.3 米，体重可达 300 千克以上。据有关资料记载，世界上最大的老虎是在苏联捕获的。该虎体长 4 米，体重 780 千克，是普通狮虎的两倍！所以论体型，老虎是最大的猫科动物。

我们经常见到的是非洲狮。成年非洲公狮一般体长在 2.3 到 2.7 米，体重在 250 千克左右。由于动物的体型大小通常决定了它们的力量，所以成年东北虎、西伯利亚虎的绝对力量要胜过大多数非洲狮。狮子讲求协作，主要是发挥群体的力量群体作战，锁定目标后，以逸待劳，而老虎却愿意天马行空，独来独往，孤军奋战。

从外形而论，狮子和老虎有许多共同点，它们都有骇人的尖牙利齿，都有强大的颚、裂齿，在咬合的时候都有巨大的力量，两者都具备杀死大型动物的能力。

细微处见分晓

◆狮群

细细论来，狮子，尤其是雄狮，其头脸由于鬃毛而夸张，身段反显得单薄；老虎的体魄雄健，头面却稍嫌精巧。非洲雄狮看上去十分威猛，那全是因为有一团鬃毛的缘故。但实际上雄狮的猎捕技能是比较差的，耐力和速度也稍逊一筹。而威猛的老虎成年后也有类似长毛，颜面颈脖处会生出长毛，外形不输给雄狮。而且从个体捕猎技能上来看，老虎力量、速度兼备，能上树，也能游泳，单独捕猎成功率很高。狮子则是群体作战，

母狮的捕猎成功率大大高于雄狮。健美运动员身上的肌肉是非常结实的，但是中国科学家在解剖东北虎的时候，发现东北虎的肌肉比最好的健美运动员的肌肉还要好看，还要结实，肌纤维极为粗壮，浑身上下很少能找到多余的脂肪，强壮的骨骼附有发达的肌肉，这些决定这种动物有极强的爆发力。虎的爆发力有过实证，在北京动物园狮虎山兽舍的水泥地面上有一道被东北虎抓裂的裂痕。剥掉皮的狮虎惊人地相似，而从解剖中发现，老虎心脏容量大于非洲狮。

生存环境的差异，决定了狮子、老虎不同的战斗风格和作战策略。广袤的平原适合发挥群体的力量。而茂密的丛林中，猎物容易闪避、躲藏和逃逸，单独作战会更有利些。从这个意义上讲狮子是战略家，老虎是战术家。

由于狮子、老虎不在同一地域中生活，似乎很难进行较量，就像相声里说的关公战秦琼。在西方，狮子向来被称为百兽之王；而在中国，兽中之王则是老虎。

新视角——老虎胜狮子的推测

人们曾让狮子和老虎在竞技场中进行格斗表演，结果，每次都是老虎胜，狮子败。曾有苏联科学家试图让两只同性同体型的成年饥饿的狮虎相斗，结果老虎胜出。

有的地理学家和动物学家提出：远古时期我国云南一带也曾有狮子出没。但为何现在消踪匿迹了呢？有人认为老虎奋虎威将狮子逐出了生活条件舒适、方便的山林，将其赶到印度西北部、阿拉伯半岛和非洲的荒漠、草原上去饱尝颠沛流离之苦。

链接——狮虎兽和虎狮兽

据动物专家介绍，狮虎兽是雄狮跟雌虎交配后产下的后代，而雄虎跟雌狮交配生下的后代则叫虎狮兽。狮虎兽与虎狮兽都表现出老虎与狮子共有的一些特征，但两者还是有区别的。从外形上讲，狮虎兽更多的像狮子，身上有狮子一样的黄色皮毛，而虎狮兽则更像老虎，身上有斑斓的虎纹。

虎狮兽比狮虎兽更为珍贵。一个原因是母狮分娩比母虎分娩的危险性大，成功率小。自然界中有很多母狮因难产而死，小虎狮兽则因没有母乳喂养，很难成活；另一方面，可能在于虎狮兽的基因排斥比狮虎兽更为严重，天生免疫力低下，导致虎狮兽的成活率更低。雄狮和雌虎受孕的成功率仅为1%至2%，成活率仅有五十万分之一；而雄虎和雌狮受孕的成功率以及幼仔的成活率就更低了。

虎狮兽和狮虎兽出现后，很多人都以为它们是新的物种。专家认为，把虎狮兽或狮虎兽定义为新物种还言之尚早。因为新物种必须满足三个条件：在自然界有一定的分布区；有一定的种群数量；能自然交配并产生可育后代。

◆狮虎兽

◆虎狮兽

出色的猎手——豹子

◆豹子

豹子是猫科豹属的一种动物，在四种大型猫科动物中体型是最小的。豹子的体色鲜艳，有许多斑点和金黄色的毛皮，故有金钱豹或花豹之美称。豹子是出色的猎手，身材矫健，动作灵活，奔跑速度极快。文学作品和绘画作品中豹也是热点题材之一。本节就带你了解一下豹子高超的捕猎技巧。

捕猎兵法

◆准备捕猎的豹子

豹子有两种进攻策略。一种是设伏。豹子会潜伏在树上等待猎物。这种方式有两点益处，一是很少引起猎物的注意；二是居高临下，豹子的气味随风飘散，不易被猎物发现。但也有不利之处，一是豹子能否成功，关键在于猎物是否站在树下或从树下经过；其次是树上有不少吵闹的灰猴，它们发出的尖叫声会破坏豹子的捕猎计划。比如斑点鹿会对猴子的报警迅速作出反应，并以独特的方式向邻近的动物报警。

另外一种是偷袭。在猎物数目较多的情况下，豹子则以偷袭的方式进行捕食。豹子的偷袭本领非常高超。每当看到猎物，豹子就一点一点向猎物靠近，因为豹子的爪子上有柔软的肉垫，所以几乎一点声响也没有。在条件成熟后，再猛扑上去，将猎物擒获，然后找一块安静的、隐蔽的地方把猎物藏起来，从容地享用。

保护色

◆豹子的体色很容易与环境融为一体，不易被猎物发现

豹子的皮毛是天然的保护色，当它埋伏在丛林中时，身上的斑点和树荫、树叶混为一体，极难被发现。没有两只豹子的花斑是完全相同的。由于豹子奔跑时缺乏耐力，因此，它总是愿意守株待兔。利用树叶作伪装，豹子就能够完全融入环境中而不被猎物发现。豹子的捕猎对象大都在黎明和黄昏出来活动，因此，豹偶然才会在白天捕到猎物。

大力士

一只雌豹重约 50 千克，雄豹比雌豹重十几千克。但是它们力大无比，豹子可以轻而易举地把一只比自身体重重一倍的猎物拖到树上去。

知识大讲堂——鬣狗为何能从豹子口中夺取食物

豹在追捕猎物时完全依靠瞬间速度，但是这种瞬间快速的代价就是大量体力的消耗，且短时间内很难恢复。这时候鬣狗、土狼一类的“二流”食肉动物如果出现，豹子因在体力上处于劣势，力不从心，无法与来犯之敌搏斗以保护食物，因而只能放弃。这也是为什么豹子比较习惯于把食物拖到树上的原因之一——可以有效地防备其他猛兽争抢。

团结力量大——狼

◆狼群

狼的外形和狼狗相似，但吻略为尖长，口稍宽阔，两耳竖立，尾挺直状下垂，毛色棕灰。狼栖息范围广，适应性较强，凡山地、林区、草原、荒漠、半沙漠以至冻原均有狼群出没。中国除台湾、海南以外，各省区均有狼。狼既耐热，又抗严寒。狼在夜间活动。狼嗅觉、听觉敏锐。狼性残忍而机警，极善奔跑，常采用穷追方式获得猎物。狼是杂食性动物，主要以鹿类、羚羊、兔等为食，有时亦吃昆虫、野果，偶尔也盗食猪、羊等。狼既能耐饥，亦可盛饱。不少书籍、歌曲、文学作品都以狼为题。本节就带你一起领略狼的团结、凶猛和智慧。

善于协作的团队

◆狼通常以群体出动

狼是群居性极强的动物之一。一群狼的数量大约在 6 只到 12 只之间，在冬天寒冷的时候最多可达 50 只以上。通常以家庭为单位的狼群由一对优势配偶领导，而以兄弟姐妹为一群的狼群则以最强的头狼为

◆取暖

◆狼是很称职的母亲

领导。狼群有极强的领域性，领地很大，一般可在 94～1300 平方千米，且其活动范围通常也都是在自己的领地。狼群之间的领域范围不相重叠，狼会以嚎声向其他群宣示范围。幼狼长大后，会留在群内照顾弟妹，有的可能继承群内优势地位，有的则会迁移出去（大多为雄狼）。还有一些情况下会出现迁徙狼，以百来头为一群，由多个家庭组成，各个小团体的原狼首领会成为头狼，头狼中最为出众的则被尊为狼王。

狼的寿命大约是 12 年到 14 年。在对群体中幼狼的照顾上，非但父母呵护备至，族群的其他成员也会对幼狼爱护有加。狼和非洲土狼一样会将杀死的猎物撕咬成碎片，而后吃入腹内，待回到小狼身边后，会将食物吐出进行反哺。有时雌狼也会在族群中造一育儿所，将群中小狼集中养育，母狼们轮流值班，毫无怨尤。

冬季，由于小型动物都躲起来冬眠，因此狼多猎食鹿类等大型动物。然而，猎杀大型动物实非易事，狼群非通力协作不可，所以狼在冬天总是组成较大的团队。狼群狩猎时，都是有选择的，离群的驯鹿或麝香牛通常会成为它们进攻的目标，而且一般都是弱小或年老者。狼群在头狼指挥下，从不同方向悄悄对猎物进行包抄，待靠近以后再突然发起进攻。如果猎物逃走，便会被狼群穷追不舍。聪明的狼往往分成几个梯队轮换作战，以便保存体力。无论是驯鹿还是麝香牛，一旦被狼群选中，就难逃厄运。

发达的牙齿

狼的嘴长而窄，长着 42 颗牙齿。狼的牙齿有五种：门牙、犬齿、前臼齿、裂齿和臼齿。其中犬齿有 4 个，上下各 2 个，长度能有 2.8 厘米，杀伤力强，足以刺破猎物的皮以造成巨大的伤害。裂齿也有 4 个，是臼齿分化出来的，这也是食肉类动物的共性特点，裂齿用于将肉撕碎。门牙共 12 颗，上下各 6 颗，都比较小，用于咬住东西。

◆狼有发达的牙齿

长跑健将

◆狼善于长跑

狼奔跑速度极快，可达每小时 55 千米左右狼的耐力也很好，它们有能力以 10 千米/小时的速度长时间奔跑，并能以高达近 65 千米/小时的速度追猎冲刺。如果论长跑，狼的速度甚至能胜过猎豹。

狼的智慧与温情

◆狼群中充满智慧与温情

◆狼群中充满母爱

狼是一种充满智慧与温情的动物。下面是一位大兴安岭老猎人经历的故事。故事的大概是这样的：

那是我年轻的时候啦……老猎人舒展舒展胸膛，好像又恢复了当年的神勇。

老狼带小狼过河，老狼会怎么做呢？要是仅有一只小狼，它会把小狼叼在嘴里过河。若有好几只，老狼不会一只一只带小狼过河，它怕自己在河里游的时候留在岸上的子女会出什么意外。老狼往往会咬死一只动物，把那动物的胃吹足了气，再用牙齿牢牢紧住蒂处，让胃胀鼓鼓的好似一只皮筏，它把所有的小狼背负在身上，借着那"救生圈"的浮力，全家一起过河。

有一次，我追捕一只带着两只小崽的母狼。因为小狼脚力不健，母狼跑得并不快。我和狼的距离渐渐缩短。突然狼妈妈转头向一座巨大的沙丘奔去。我很惊讶，通常狼在危险时会在草木茂盛处兜圈子，并借助复杂地形伺机逃脱。然而爬向沙丘，狼虽然爬得快，比人占优势，但人一旦爬上坡顶，就一览无余，狼就难逃枪口。

这是一只奇怪的狼，也许被追昏了头。我这样想着，一步一滑爬上了高高的沙丘。果然看得很清楚，狼正快速逃向远方。我下坡去追，突然发

现小狼不见了踪影，当时顾不得多想，拼命追去。那是我生平见到的跑得最快的一只狼，不知它哪来那么大力气，像是一支贴着地皮的黑箭。追到太阳下山才将它击毙，累得我几乎要吐血。

我剥下狼皮来，挑在枪尖上往回走。一边走一边想，真是一只不可思议的狼，它为何犯此大忌呢？那两只小狼去哪儿了呢？已经快到家了，我决定再回到那个沙丘一探究竟。快半夜才到那个沙丘。天气极冷，惨白的月光下，沙丘好似一座镀了银的坟，毫无动静。我想自己真是多此一举，那不过是一只傻狼罢了。正准备走，突然看到一个隐蔽的凹陷处，像烛火一样，悠悠地升起两道青烟。

我跑过去，一大堆干骆驼粪展现在眼前，白气正是从其中冒出来的。我轻轻扒开驼粪，白天失踪了的两只小狼，正在温暖的驼粪下均匀地喘着气。地上还留有狼尾巴轻轻扫过的痕迹，活儿干得很巧妙，居然瞒过了我这个老猎人的眼睛。

我恍然大悟，母狼为了保护幼崽，先是用爬坡减慢了我的速度，赢得了隐藏儿女的时间，并从容地用尾巴抹平痕迹，而后全力向相反的方向奔去，欲以己之死换得孩子的生。

小知识

狼烟

打着狼头军旗的突厥骑兵，是崇拜狼图腾，具有狼的战略战术、智慧和凶猛性格的草原狼性骑兵。故古时在烽火台上点燃的、警报草原骑兵进犯关内的烟火信号被称做“狼烟”。但是很多词典把“狼烟”解释为“用狼粪烧出来的烟”，其实狼烟与狼粪压根儿一点关系都没有。

小贴士——人类心目中的狼

团结　狼与狼之间的协同配合是狼生存的决定性因素。不管做任何事情，它们总能依靠团体的力量去实现。

执著　狼的态度很单纯，那就是对成功坚定不移的向往。

合作　狼过着群居生活，一般七只为一群，每一只都会为群体的繁荣与发展承担一份属于自己的责任。

◆人们对狼充满了想象

拼搏 在狼的生命中，锲而不舍的拼搏精神存续始终。正是靠这种精神，狼才得以千辛万苦地生存下来，并成为地球上生命力最顽强的动物之一。

忠诚 狼知恩图报，对于对自己有过恩惠的动物很有感情，甚至可以以命来报答。

耐力 狼的成功因素除敏锐的观察力、专一的目标、默契的配合、好奇心、注意细节以外，锲而不舍的耐心也是狼的一个突出优点。

凶残 狼对待猎物凶残，但对人类通常不主动出击。

和谐共生 为了生存，狼一直保持着与自然环境和谐共生的关系，不参与任何无谓的纷争与冲突。

知识大讲堂——雪狼

◆美丽的雪狼

过去曾有30多种狼，雪狼是其中的一种。雪狼全身都是白色，只有头和脚呈现浅象牙色，这和其他狼的茶色和暗灰色体色相比无疑是最美丽的，所以雪狼又被称为梦幻之狼。雪狼的白色皮毛不仅漂亮，还有很重要的生物学意义，在雪地里是很好的保护色。

现在美丽的雪狼濒临灭绝，只在中国部分没有人烟的荒山上有零星分布。

雪狼很受文人青睐，出现在很多文学文艺作品中，我国还有特警雪狼突击队。

被误解的猛兽——鬣狗

多年来，人们把斑鬣狗描述成“猥琐胆小、令人讨厌的家伙”，说它是“最丑陋的、怪模怪样的、蠢笨的贪食尸骨的动物”。这些贬义之词，实际上是对鬣狗的误解。

◆鬣狗

其实，鬣狗是一种强悍的中型猛兽，它们集体猎食瞪羚、斑马、角马等大中型草食动物，甚至可以杀死半吨重的非洲野水牛，它们绝不是靠吃狮子吃剩的残骸和尸骨来果腹生存的弱者。你可不要小觑了它们，它们可是群体作战的战术家，再庞大再强壮的动物经过它们如绞肉机般的牙齿也要变成肉泥。被误解的背后隐藏着巨大的危险，就让我们去发现被误解背后的真相吧。

天生的捕食高手

◆发达的牙齿

鬣狗以其发达的犬齿、裂齿及强大的咬力，能够嚼食骨头，这在哺乳动物中独一无二。它们的感觉器官十分敏锐，尤其是嗅觉和听觉。它们的大耳朵可以接收许多高频率的声音，对超声波非常敏感。鬣狗的消化能力极强，能吞噬包括骨头在内的一切东西，拉出的粪便像石灰块，对食物的利用程度可谓到了极致。

由于后躯低于前躯，所以鬣狗走路和奔跑的姿势不甚优雅，可是跑起来速度并不慢。鬣狗奔跑的速度可高达每小时 50 到 60 千米，而且耐力较强，跑很长距离却没有倦意。

点击——鬣狗的雌雄同体

在哺乳动物中，鬣狗是雌雄同体比率比较高的一种生物，出生的小鬣狗有1%的几率是雌雄同体的（这是由于雌鬣狗的雄性激素过盛）。但这并不影响它们的发育。对于这些鬣狗来说，决定它们性别的唯一因素是它们的第一次性交。如果它们和雌性性交，将来就会成为正式的雄性，反之则会成为雌性。

> 本节中讲的鬣狗一般为斑鬣狗，是鬣狗中体型最大、最凶猛的一种，此外鬣狗还有棕鬣狗、缟鬣狗、土狼等品种。

事实中的凶残

鬣狗是夜行性猛兽，白天它们在草丛中或洞穴中休息，夜间出来活动，到处觅食。它们或单独，或几只，或成群结队地一起去猎食，有时 40 到 60 只一起有组织地对大动物如斑马、野牛等进行围攻。

当鬣狗集体捕获猎物时，它们就会一拥而上，同时撕咬猎物的肚子、颈部、四肢及全身各处。为了防备狮子前来掠夺它们的食物，整个族群的斑鬣狗就一起狼吞虎咽地分享这份大餐。数十分钟内，猎物便会被它们分食得干干净净。

鬣狗捕食时，根据不同情况会采用不同的战术。斑鬣狗往往在夜间袭击角马群，它们以 40 到 50 千米的时速追逐角马群 2 到 3 千米后，冲散角马群，并迅速围上一只角马，鬣狗群会用强大的犬齿咬住角马的鼻子、腿或腰部，死死不放，直到角马窒息而死。

鬣狗是非洲大地除狮子以外最强大的肉食性动物，也是非洲唯一能和

狮群抗衡的群体。

知 识 库

什么是食腐动物？

有些动物以落入土壤或水域的枯枝落叶、动物遗体或粪便为食，这种动物统称为食腐动物，在生态地位上扮演清除者（也称为分解者）的角色。

鬣狗就是一种典型的食腐动物，常见的食腐动物还有蚯蚓、蜗牛、粪金龟子、秃鹫等。

被误解的原因

鬣狗将猎物捕获之后，由于兴奋和争食，在进食中会发出一种像人一样“吃吃”发笑的声音，这一声音往往会把狮子引来，于是，悲剧就这样上演了。狮子赶走了鬣狗，吃着它们辛辛苦苦捕获的猎物，而鬣狗却只能眼巴巴地在一旁围观、等候。人们看到这一幕，便错误地下了结论：鬣狗专门捡食狮子吃剩的肉，于是就成了吃腐肉的家伙了。由此看来，鬣狗真是深受狮子之害，蒙冤受屈。

小 知 识

雌性统治的群体

斑鬣狗群体生活，一个群体小到十几只，大到上百只，每群的首领是一只体格健壮的雌性斑鬣狗。斑鬣狗的社会组织等级森严，摄食时“母首领”总能得到一块最大、部位最好的肉，而且这是理所当然的。因此，有人称斑鬣狗群是母系社会。

以弱胜强——老鼠

◆小老鼠

“老鼠过街，人人喊打。”这句俗语表明人们对老鼠的憎恶。古人对自己畏惧的东西普遍采取了“避而远之”的态度，于是，古人在这些事物之前冠以“老”字，以表示敬畏和不敢得罪的意思。由此可见，老鼠可不是一种弱小的动物。

老鼠数量繁多并且繁殖速度很快，生命力顽强，几乎什么都能吃，在什么地方都能住。老鼠会打洞，会上树，会爬山，会涉水，而且糟蹋粮食、传播疾病，对人类危害极大。别看它个头不大，又没力气，但它的危险程度丝毫不亚于大型猛兽。这是为什么呢？

顽强的适应力

老鼠长有一对不断生长的大门牙，所以小老鼠总是咬坏衣柜、木箱以不停地磨牙。

老鼠对环境的适应能力极强。1945 年，美国在日本广岛和长崎投下两颗原子弹，因为核辐射过强，所以对当地的生态系统造成了严重破坏，当地生物不同程度地受到伤害。但是之后人们发现，那里的老鼠却几乎没有受到核辐射的影响，它们能正常地生育，后代也没有畸形。

> 老鼠的长尾巴有很好的平衡作用，即使从五层楼上摔下也不会受伤。

老鼠的视力敏锐，可在夜间正常活动、觅食，即使在很暗的光线下也能察觉出移动的物体，白天老鼠的视力就更好了。

除了人类以外，老鼠是哺乳类动物中繁殖最迅速而且是最成功的动物。以经常在人类生活区活动的月鼠为例，每年可怀胎多达 8 次，每胎可产幼鼠四至七只。老鼠的大门牙会不断生长，所以必须经常磨牙，故人类使用的包装材料或建筑设备等经常会毁于鼠口。据统计，美国有四分之一原因不明的火灾可能是由于老鼠咬损电线导致短路所引起。

此外，老鼠智商很高，有很强的记忆力和警惕性。它熟悉的环境一旦发生些许改变，立即会引起它的警觉，绝不轻易向前，经反复试探确认安全后方会继续。如果在某处受过袭击，它会长时间回避此地。

展望——从老鼠身上找到减肥的秘密

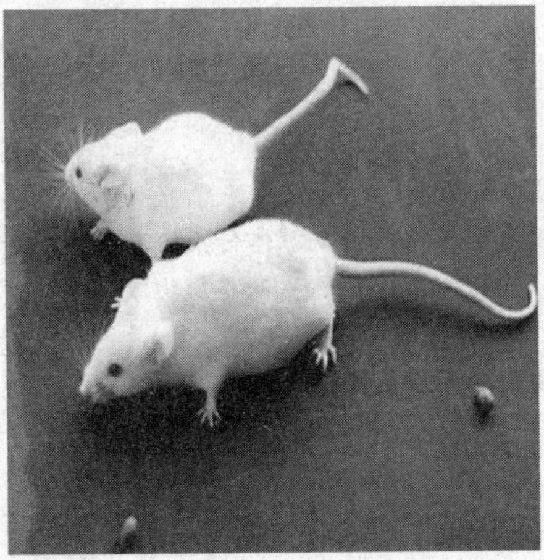

◆转基因鼠

英国剑桥大学和史密斯克兰比彻姆大学的研究人员日前在《自然》杂志上发表文章称，他们培育了一种转基因老鼠，该种鼠在同等条件下即使比同类进食更多，却总能保持“苗条轻盈的身材”。这一研究成果给人类减肥带来了曙光，为寻找不限制食量的新型减肥药开辟了广阔前景。它与传统的以抑制食欲为机制的各类减肥药将大有不同。

科学家研究发现，老鼠酷爱看电视广告画面。每每这个时候，老鼠都会特别兴奋，眉飞色舞，嘴里叫个不停，胡须也不停地摆动。

负责该项研究的约翰·克拉彭博士介绍说，他们培育的转基因老鼠可以在其肌肉细胞的线粒体内产生大量的叫做“解联藕蛋白质—3”的化学物质，这种物质可以加速代谢，同时可以把从食物中摄取的能量以热能形式散失，而不会转化成脂肪积聚在体内。因此这些老鼠想吃就吃，想吃多少就吃多少，体重却比其他正常老鼠要轻。实验表明，转基因老鼠在食量比正常老鼠多15%到54%的情况下，其脂肪组织却比正常老鼠要少44%到57%。

克拉彭博士表示，在老鼠身上的这项研究成果使得研制能促进大量消耗热量而不是单纯抑制食欲的新型减肥药品成为可能。但克拉彭博士同时指出，无论开发出何种新型高效的减肥药品，调节饮食以及坚持体育锻炼都应永远是减肥者的首选。

疾病的祸源

老鼠是多种病原体的宿主或传播媒介。已知老鼠对人类传播的疾病有鼠疫、流行性出血热、斑疹伤寒、蜱性回归热等57种。

老鼠终日生活在阴暗的下水道、厕所等污秽的地方，在带菌处所与干净处所来回行动，鼠脚、体毛及胃携带物都有可能传播病原菌。因为老鼠数量庞大，倘若某天老鼠身上携带的某种致命病毒或细菌流行开来，那将一发不可收拾。由于老鼠难以消灭，所以贮存在老鼠身上的病菌也难以消灭。

小知识

老鼠传播疾病的三条途径

1. 鼠体外寄生虫作媒介，通过叮咬人体吸血时将病源体传染给人；

2. 体内带致病微生物的鼠，通过鼠的活动或粪便污染了食物或水源，造成人类食后发病；

3. 老鼠直接咬人或病源体通过外伤侵入而引起感染。

链接——猖獗的鼠疫

鼠疫是由鼠疫杆菌引起的一种自然疫源性烈性传染病，也叫做黑死病。临床主要表现为高热、淋巴结肿痛、出血倾向、肺部特殊炎症等。本病远在两千年前即有记载。世界上曾经发生过三次大流行。第一次发生在公元6世纪，从地中海地区传入欧洲，死亡近1亿人；第二次发生在14世纪，波及欧、亚、非；第三次是18世纪，传播32个国家。14世纪、18世纪鼠疫大流行时波及我国。1793年云南师道南所著之《死鼠行》中描述“东死鼠，西死鼠，人见死鼠如见虎。鼠死不几日，人死如圻堵”充分说明鼠疫当时在我国十分猖獗。

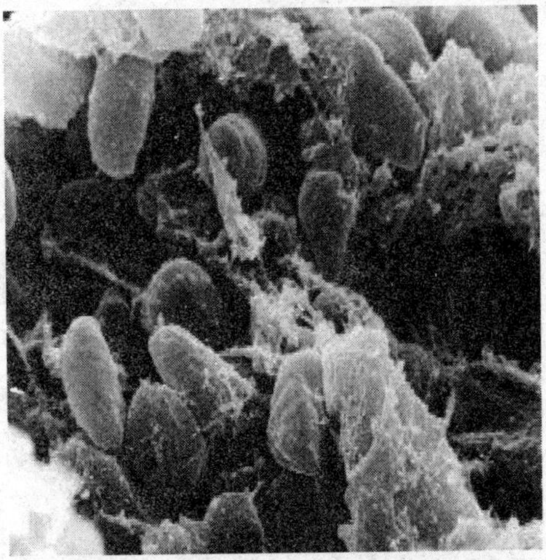

◆鼠疫杆菌

◆猫头鹰是老鼠的天敌之一

鼠疫在动物和人之间的传播主要以鼠蚤为媒介。当鼠蚤吸食含病菌的鼠血后，细菌就会在蚤胃内大量繁殖，形成菌栓堵塞前胃，当蚤再次吸血时，病菌即随吸入之血反吐而出，注入动物或人体内。蚤粪也含有鼠疫杆菌，可因搔痒进入皮内。此种“鼠→蚤→人”的传播方式是鼠疫的主要传播方式。少数情况可因直接接触病人的痰液、脓液或病兽的皮、血、肉等而受感染。肺鼠疫患者可借飞沫传播疾病，造成肺鼠疫的大流行。

鼠疫可分为三种：肺鼠疫、腺鼠疫、败血性鼠疫。肺鼠疫可通过飞沫传播，故肺型鼠疫传播流行最为容易。败血性鼠疫早期的血有传染性。腺鼠疫仅在脓肿破溃后或被蚤吸血时才可能传播。三种鼠疫类型之间可相互发展转化。

预防鼠疫要做到以下几点：一、管理患者。发现疑似或确诊患者应立即按紧急疫情上报，同时将患者控制并严密隔离，禁止探视病人及与病人互相往来。病人排泄物应彻底消毒，病人死亡应火葬或深埋。二、消灭动物传染源。三、切断传播途径。灭蚤必须彻底，对猫、狗、家畜等也要喷药。四、预防接种。自鼠疫开始流行时，对疫区及其周围的居民和进入疫区的工作人员均应进行预防接种。进入疫区的医务人员必须接种菌苗，两周后方能进入疫区。

知 识 库

老鼠的天敌

老鼠虽然很猖獗，但强中自有强中手，老鼠的天敌可不少。敏捷的猫，迅速的蛇，目光锐利的老鹰和猫头鹰，机灵狡猾的狐狸，都是捕鼠能手。

泰山压顶

——以力制胜的动物

自然界中，个儿大就是有好处，凶猛的动物多数都有着大大的个头，既能增大自己的力气，又不用担心其他动物的侵犯，因为其他动物不敢轻易招惹大个儿。熊的随意一掌即会置人于死地；河马凭借巨大的体型和嘴巴，连鳄鱼都不屑一顾；牛的野蛮冲撞绝大多数动物都抵挡不住；野猪的力气也不容小觑；大象力大无比更是众所周知。这些凭借自己个儿大、力气大的动物在地球上肆意横行，无所畏惧，成为了陆地上危险的动物群体。

值得一提的是，它们平时是很温顺的，只是特殊时候才大发脾气。那么什么时候它们会发脾气呢？它们发起脾气究竟有多大威力呢？本章就为你讲述这些“大力士”的故事。

大凶若愚——熊

在大型的动物中，有一种长相可爱而憨厚的家伙，它有着小而圆的耳朵，小而圆的双眼，看起来目光呆滞，傻傻的很可爱；一张厚厚的大嘴半张半闭，仿佛总是在叫饿；浑身上下毛茸茸、胖乎乎的，给人很温顺滑稽的感觉：它就是大名鼎鼎的熊瞎子。

◆棕熊

但我们可千万不能“以貌取熊”，熊温顺的外表下却隐藏着巨大的危险。熊有着野性的一面，力大无比且潜力无穷，当它们认为必须保卫自己、自己的幼崽、食物或地盘时，就会变成非常危险而可怕的野兽。

熊究竟有多大的力量呢？为什么我们常称熊为熊瞎子？熊真的很呆很笨吗？答案就在本节中。

身手敏捷的黑色风暴

黑熊是分布最广泛的熊类动物之一。

别看黑熊平时慢吞吞地行动，身上看似满是赘肉，其实黑熊却是个身手敏捷的高手。

黑熊的耳朵、鼻子非常灵敏，顺风可闻到一里以外的气味，能听到300步以外的脚步声。它外表愚拙，但实际上却机警过人。

熊虽膀阔腰圆，但真正追赶猎物时，它的速度会令你出乎意料。速度最快的灰熊，奔跑速度可以达到48千米/小时，棕熊在崎岖山路上的奔跑速度也可以达到30千米/小时，比人类快多了。

黑熊的本领还有很多：它善于爬树，也是游泳健将，可以横渡 1.5 公里宽的河流。因为熊是个高度近视患者，所以它练就了一身昼夜行动自如的本领。

轻松一刻

爱吃蜂蜜的熊

黑熊最爱吃蜂蜜，只要发现野蜂巢，就会千方百计地把它弄下来。熊明知野蜂不好惹，但为了蜂蜜，常常硬着头皮爬上树，结果头上被蜂群乱刺乱螯。尽管熊的毛长皮厚，还是疼痛难忍，甚至脸上被螯得发肿，可是熊绝不下来，直到扯下蜂巢，把蜂蜜掏光为止。

知识大讲堂——熊瞎子真的瞎吗?

◆美洲黑熊

关于熊为什么被称为熊瞎子，有多种说法。

熊其实并不是真的瞎子，只是视力很差。熊科动物都是听觉、嗅觉灵敏而视觉较差的近视眼。你可能有这样的体会，在动物园里，如果给熊扔些花生之类的食物，一旦没有被接住而落在了地上，那熊就置之不理了，因为它们视力差，看不清楚。

还有一种说法。北方人之所以把熊叫熊瞎子是因为熊的眼睫毛特长，挡住了双眼，影响视力。

上了岁数的熊不可避免地会出现眼部疾病，最典型的包括外伤、眼部感染或营养失衡引起的白内障等等。这些瞎眼的熊失去捕食能力后会乱闯，走出原栖息地，在人类生活区附近寻找易得的食物来源，常常被人看见，所以很多人认为熊的视力不好。

因为大部分瞎子的眼睛是因血流不畅导致的，所以大部分瞎子都是黑眼圈。而熊也有颜色不深的两个黑眼圈，所以被人们叫做“熊瞎子”。

大力金刚

熊一般是温和的，不主动攻击人和动物，也愿意避免冲突。而且熊胆子很小，据说曾有只猫将一只熊赶到一棵树上不敢下来。

熊是动物世界中的“大力士”，它的身体魁梧雄壮，站起身来约有 2 米高，体重可达 200 千克，“虎背熊腰”这个词就是因熊的威武而得来的。

熊的力气非常大，对于成年熊来说，能轻而易举地把人撕成两半。熊的咬力很大，能把人咬成肉泥。假如熊和老虎对搏的话，熊只要拍上一掌或咬上一口，老虎的命休矣。常言道“熊的力量、鹰的眼睛、豹的速度、狼的耳朵”，熊的力气在动物界中独一无二由此可窥见一斑。

小贴士——野外遇到熊怎么办？

有这样一种说法，当人在森林中遇到熊时，只要躺在地上装死，便可逃避熊的袭击。最近，科学家通过分析却得出了完全相反的结论。认为要想从熊掌下逃生，最有效的方法是勇敢地与熊搏斗。他们解释熊伤人的原因时说：一是为吃人，二是为反击人，三是为了玩耍。如果遇到第一或第二种情况，装死无异于自杀。

白雪中的“国王”

白熊是熊类中本事出众的一种，又名北极熊。

在北极，白熊是体型最大的动物，雄性白熊身长大约 2.4 到 2.6 米，体重一般为 400 到 800 千克。北极熊个儿高力大，没有谁敢招惹它，被称为北极地区的“土皇帝”，打遍北极无敌手。

敏锐的嗅觉可以有效地帮助白熊寻找猎物。据说白熊可以闻到 3 千米

◆白熊在水下

◆不服气

◆依偎

以外动物燃烧脂肪所散发出的气味，白熊的嗅觉灵敏度是犬类的7倍。白熊的视力和听力也很好，与人类相当。

白熊的游泳技术是一流的。白熊全身披着厚厚的白色略带淡黄色的长毛，长毛中空，不仅起着极好的保温作用而且增加了它在水中的浮力，有助于游泳。白熊的体型呈流线型，熊掌宽大宛如前后双桨，借前后腿的划动可快速在水中游行，后腿在前划的过程中还可起到船舵的作用。在寒冷的北冰洋中它从不怕冷，可以连续畅游数十千米，时速达10千米，是长距离游泳健将。

白熊在陆地上的奔跑速度也极快，时速可达60千米，比世界百米冠军还要快1.5倍。

白熊生性凶猛，是唯一一种主动攻击人类的熊。白熊以海豹为食，它捕猎海豹一般有两种方式。最常用的是“守株待兔”法。它们会事先在冰面上找到海豹的呼吸孔，然后极富耐力地在旁边等候。一旦海豹露头，它们就会发动突然袭击，用尖利的爪钩将海豹拖上冰面来。如果海豹在岸上，它们会躲在海豹视线所不及的地方，然后蹑手蹑脚地向海豹靠近。另外一种方式就是潜入冰面以下，从水路靠近岸上的海豹，这种方式的最大优点就是直接截断了海豹的退路。

广角镜——白熊的皮毛

> 熊在攻击的时候，熊掌向下挥，所以在股票市场中用熊市形容股票下跌。

白熊的毛非常特别，它是中空的小管子，看起来是白色的，这是由于光线的折射、散射使然。这些小管子在阳光的照射下会显现为美丽的金黄色，而在阴天或有云的时候，毛管对光线折射和反射较少，人们就会看到白色的白熊。科学家曾经认为这些管状的毛是白熊收集热量的天然工具，这样的构造可以把阳光反射到毛发下面的黑色皮肤上，有助于吸收更多的热量。有了这样的毛，白熊才能抵御北极的严寒。但后来科学家又有了一些新的观点：

1. 毛的白色是一种保护色，因为它周围的环境也是白色的。

2. 空心的毛防水隔热性能好，因此白熊才能生活在寒冷的极地。

3. 白熊的毛是一根根的小光导管，只有紫外线才能通过，这是熊收集热能的天然工具。

牛气冲天——野牛、水牛与犀牛

◆成群的非洲水牛

说到牛，大家很自然地会联想到任劳任怨、温顺听话、丝毫不反抗、终日劳作等特点。事实上大错特错。牛在恼怒时是种非常凶悍、刚烈的动物，一旦爆发，力量势不可挡。它头上坚硬的双角、冲撞力、耐力都是动物界中数一数二的。

犀牛爆发起来也是凶猛异常。陆地动物中在体型上犀牛仅次于大象。它头上的角比牛的角还要厉害，被它的角顶一下，恐怕要被穿膛破肚了。

牛和犀牛平时都是很温顺的，但被惹恼了将会是另一番景象。本节就让我们一起走近它们，认识一下它们鲜为人知的一面吧。

未被驯化的野牛

牛在很早之前已经被人类驯化了，它们的凶残性已经被磨灭。但现在仍有未被驯化的野牛仍保持着凶猛与野性，我们可从这些野牛身上感受牛原本的威力。

> 亚洲野牛（又叫印度野牛）是现存体型最大的野牛，另外的野牛种类还有非洲野牛、美洲野牛、欧洲野牛。其中欧洲野牛已灭绝。

野牛的体型非常大，一般身高 2 米，长 3 米，体重可达 1500 千克左右，单凭这如山的个头，在森林中几乎就没有动物可以伤害它们。

野牛的警惕性非常高，一点儿风吹草动都会引起它们的注意。野牛嗅

觉和听觉也极为灵敏。这些特点使它们能及时逃避危险，但即使遇到危险，也毫不畏惧，就是狮子、老虎它们也敢与之抗衡。如果它们发现有人类接近，会迅速逃走。野牛一般不主动对人类发起进攻，只有在被人类射杀受伤或被逼走投无路时，才会变得凶狠，对人进行反击。

◆野牛

野牛虽为食草动物，但除人类以外几乎没有天敌。狮子要想捕杀野牛必须“集团”协同作战，但很有可能会被野牛撞伤，甚至被野牛的角顶上天。狼、鬣狗、鳄鱼等凶猛的食肉动物更不在话下。

轶闻趣事——百头野牛围攻狮群

在南非克鲁格尔国家公园上演的一场狮牛大战，成为2007年度十大动物新闻之一。一名游客拍下了这段惊心动魄的狮牛大战的全过程。在这段长8分钟、名为“克鲁格尔的战争”的录像中，一头小水牛被几头狮子围攻，然后被拖进一个水坑，水坑里的一条鳄鱼也来凑热闹，毫不犹豫地扑向这头仍在挣扎的猎物。危急关头，一群水牛出现了。欺负小水牛的狮子最终还是不敌数十头水牛的强大攻势，其中一头水牛甚至还用犄角将一只狮子抛向了空中。那头小水牛终于得救了，又回到了牛群之中。

◆狮牛大战

伤人的非洲水牛

◆非洲水牛

非洲水牛在非洲草原上也算是大型动物，其个头与野牛差不多。虽说是食草动物，但却也异常凶猛。

非洲水牛防御敌人时通常集体作战。成百上千头水牛组成巨大的方阵，由一头成年雄性水牛带领，浩浩荡荡冲向入侵者。它们奔跑起来时速可高达 60 千米。在这样的阵势下，没有动物不为之让路。事实上，人类是它们唯一的天敌。即使是狮子，对成群的水牛也奈何不得。在非洲草原上，如果你遇到了一两头非洲水牛，那还算是万幸。如若一群水牛朝你狂奔过来，那可就凶多吉少了。每年都会有非洲水牛杀伤人类的消息，被非洲水牛伤害致死的人数比其他任何动物都要多。

展望——用驯服基因来驯服水牛

> 牛在攻击的时候，犄角向上，所以在股票市场中用牛市形容股票上涨。

据美国《每日科学》网报道，人类可以对动物进行驯服，使它们为人类服务，但并非所有的动物都能被驯服，比如非洲水牛。不过，日前，科学家发现了动物“驯服”基因，未来有望通过基因改造来对付那些桀骜不驯的动物。

关于这项研究的历史可追溯到 1972 年，苏联新西伯利亚的一组研究人员当时在城市近郊抓了一大群野生老鼠进行科学实验。实验室中，人把老鼠分为两组。第一组是温顺型的，它们是一些性情温顺的、不会咄咄逼人的老鼠；第二组是侵略型的，它们是一些会尖叫、攻击研究人员的老鼠。之后，让这些老鼠自然

发育繁殖。一段时间后，发现这两组老鼠的后代的行为完全不同。温顺型老鼠的后代也很温和，能容忍被触摸、被提起，从不会攻击人。侵略型老鼠的后代也会尖叫、逃跑、攻击并咬伤人。由于研究的需要，科学家把温顺型的老鼠和侵略型的老鼠进行了杂交，结果生下的子女要么更加驯服，要么更加富于攻击性。科学家从中确认了老鼠的驯服基因。

遗传学在驯化动物的过程中发挥了重要的作用。“驯服”基因的发现也为人类驯服动物开辟了新的途径。

角中之王——犀牛

犀牛长的虽然很像牛，但和牛是不同物种。犀牛属于奇蹄目，而牛属于偶蹄目。

犀牛体长 2 到 4 米，重 1000 到 3600 千克，体型可谓巨大。犀牛的四肢、躯干、脖颈都是又粗又壮的，全身披着铠甲似的厚皮，一看就知道勇猛无比。令犀牛更为神气的是它鼻子上方生长的粗大的犀牛角，这可是它御敌的重要武器。

◆体型巨大的犀牛

犀牛的角长在鼻子上方脸的中间线上，一般只生一只。即使生两只，也是上下排列的，不相对称，下方的一只特别大，上方的一只特别小。犀牛的角不与头骨相连，而是皮肤的衍生物，即使受损还会重新长出新的来。

牛、羊、鹿的角，一般是雄性争夺配偶的武器，而犀牛角却不是两雄争雌或种内残杀的工具，而是用来御敌的。犀牛的角非常巨大，最长可达 1.58 米，角直而尖锐，犹如一把锋利的尖刀。犀牛一旦被激怒，它会极尽全身的力气，低头向前猛冲，别说一般猛兽，就是一头大象，它的肚皮也会被洞穿。况且，犀牛角长在脸部中间，比其他动物长在前额的两只角更易使得出劲儿，因此，犀牛的角可谓是“角中之王”。

链接——犀牛与犀牛鸟

◆双角的犀牛

犀牛的皮肤虽然坚厚，但也有弱点，在皮肤皱褶之间的部分却又嫩又薄。一些体外寄生虫和吸血的蚊虫便可乘虚而入，从这里把它们的口器刺进犀牛的皮肤，吸食血液。犀牛又痒又痛，可除了往自己身上涂泥来防御昆虫叮咬外，却别无他法来赶走、消灭这些讨厌的害虫。可天无绝人之路，捕虫高手犀牛鸟却能助犀牛一臂之力。它们成群地落在犀牛背上，不断地啄食着那些企图吸食犀牛血的害虫。犀牛浑身舒服，自然很欢迎这些会飞的小伙伴。大自然可真是无奇不有呀。

除了帮助犀牛驱虫外，犀牛鸟对犀牛还有一种特别的贡献。虽然犀牛嗅觉和听觉灵敏，但视觉不好，是近视眼，若是有敌人逆风悄悄地前来偷袭，它就很难察觉。这种情况下，它忠实的朋友犀牛鸟就派上用场了。犀牛鸟飞上飞下，叫个不停，犀牛就会意识到危险来临，从而及时采取防范措施。

广角镜——故宫犀角杯

犀牛角雕刻艺术从明代开始进入了一个飞速发展的时期。能工巧匠各显其能，他们根据犀牛角特有的造型姿态以及表面的纹理，精心设计、雕琢出一件件奇巧精美的杯、盒、扇坠及发簪、印章等，犀角雕刻品与竹、木、金、玉的雕刻器物一起，都被视为艺林珍品，其中尤以犀角杯最负盛名。从最早的文物鉴定著作《格古要论》的记载看，明代以来江苏一带犀角雕刻工艺逐渐兴起，其中著名的犀角雕刻大师有鲍天成、濮仲谦、尤通和尚等等，他们雕刻的犀角杯设计奇巧，工艺绝伦，是当时世人追捧的艺术珍品。然而明代名家的犀角杯作品最终传世的却不多，上乘作品更是凤毛麟角。如今故宫博物院所藏明代犀角杯件件堪称国宝。

犀角杯最大的特点就是实用和艺术的完美统一。能工巧匠们巧妙地利用犀角的材质，和犀角所特有的扭曲、遒劲的姿态特征，制作雕刻出一件件工艺精湛，玲珑精巧的犀角杯。在犀角周身表面，甚至内壁上雕琢山水、松石，意境幽远高雅。大师的艺术气质和灵感，在犀角杯身那方寸天地间抒发得淋漓尽致，而且杯身的雕刻技法各有不同，深雕、浅雕、镂空雕等恰到好处，使得每一件犀角杯上的纹饰都包含各自不同的意境，巧夺天工。

◆犀角杯

经历明代的繁盛，犀角杯逐渐成为艺术品中独特的一支，它瑰丽灵巧的造型不仅深得世人喜爱，而且犀角中蕴涵的尊贵之气，更使得犀角杯成为宫廷贵族中不可少的藏品。

爱洗澡的家伙——河马

◆河马

喜欢呆在水中的陆地动物还真不少，而且都挺危险的，比如长嘴的鳄鱼、力大的水牛等。今天再向大家介绍一种喜欢水的陆生动物。它也是个大力士，它也很不好惹，要说它的特点，那就是它骇人的大嘴，这可是陆生哺乳动物中最大的一张嘴。说到这儿，你肯定猜到它是谁了，没错，它就是河马。

河马为何终日泡在水里？河马的危险性在哪儿？本节就带你去认识它。

第三名的个头

河马一般体长 3.1 到 4.2 米，肩高约 1.5 米，它的体重更是惊人，雄性河马平均体重可达 3000 至 3600 千克，更有甚者能达到 4000 千克。这么大的块头使它稳坐陆地哺乳动物体型第三大的宝座，仅次于大象和犀牛。

◆水中的河马

河马的头大得出奇，仅头骨就达几百千克。更引人注目的是它出奇的大嘴巴，陆地上任何动物都没有河马的嘴大，若是一个人跳进河马口中，也未必能填满，河马真可称为大嘴巴将军。河马的上门牙很短，向内弯曲，一对下门牙向前伸出，像一把铲子，还有一对向上向外伸出的下犬齿。河马的牙齿甚是巨大，门牙长约 30 厘米，可重达 3 千克。而且它的牙齿不怕磨损，今天吃草时磨损了多少，明天就会再长出多少来，简直就像变魔术！

河马的皮下脂肪厚达 5 厘米，总重可达 90 千克。如果狮子来攻击河马，即使抓住河马，也很难把它咬死，因为河马厚厚的天然防护层，能很好地保护着河马的气管，可避免被狮子咬断。

别看河马笨重，但奔跑速度并不慢，时速可达 30 千米到 32 千米，最快的可达每小时 40 千米，比人类百米运动员的速度还要快呢。再加上河马那山一般的体型，它的冲撞力那就可想而知了。

小书屋

河马是马吗?

河马虽然名字中带有“马”字，但它却不是马。马是奇蹄目的物种，而河马属于偶蹄目。河马和马两者的生活习性也有很大不同，河马喜爱水塘，而马喜爱草原。

知识大讲堂——河马为什么喜欢呆在水

河马的身体由一层厚厚的呈蓝黑色的皮包着，上面还有砖红色的斑纹。河马全身上下除尾巴上有一些短毛外，其他部位几乎寸毛不生。河马的皮格外厚，加之皮下厚厚的脂肪层，这使得河马可以毫不费力地从水中浮起。当河马暴露于空气中时，其体内水分通过皮肤的蒸发量要比其他哺乳动物多得多，时间一长，极易造成脱水。出于这个原因，河马必须长

◆血盆大口

时间呆在水里或潮湿的栖息地，以确保自身的健康。

河马的眼睛、耳朵、鼻孔都在头顶。这使它们可以长时间在水中乘凉、防晒，又不影响换气和视听。和所有厚皮动物一样，河马对蚊虫的叮咬也非常敏感。也正因为此，它将各种食虫鸟奉为上宾，并与这些鸟类保持着良好的共生关系。河马的皮上没有汗腺，但却有其他腺体，能够分泌一种类似防晒乳的微红色潮湿物质，该物质也能防止昆虫叮咬。另外，河马还常洗泥巴澡，让泥巴将自己通体包裹，沾到身上的泥巴会形成一个厚壳，这样就构建了一层保护层以防止蚊虫叮咬。

非洲无敌手

◆河马与狮子间的较量

河马是杂食性动物，一般情况下是食草的，如果河边有动物的尸体，它也会吃掉。河马也会主动攻击其他动物。

河马在非洲是公认的高危险性动物。虽然河马食草，但它的血盆大口和那长而强壮的牙齿不能不令其他动物望而生畏，包括人类。河马脾气暴躁，据说如有动物刚巧站在河马返回水池的路径上时，河马会在事前毫无警告的情况下，张开它的血盆大口，用它那对近 40 厘米长的犬牙把这不幸的动物一咬两截。亦据说有人类在河中泛舟时遭到水中河马的攻击。每年非洲因接近水边遭河马攻击而丧命者不下数十人。

鳄鱼虽然凶猛，但河马根本不把它放在眼里，甚至有河马杀死小型鳄鱼的记录。河马的咬合力很大，再加上体型和力量上的优势，鳄鱼根本奈何它不得。即使是狮子一般也不敢轻易招惹河马，除非狮群来袭。

广角镜——河马的游泳和潜水本领

河马善游泳，潜水也很好。它把头仰起，让鼻孔、眼睛和耳朵露出水面，一动不动地呆在水里几小时不在话下。人们认为河马潜水本领了得，其实这是个错误的认识。河马真正潜在水里的时间最多不超过5分钟。为适应潜水，在河马的鼻孔、眼睛和耳朵上还生有一种专门防水的盖子。当河马潜水时，这种奇妙的防水盖子就会把鼻孔、眼睛和耳朵密封得严严实实，不让一点水流进去。

放荡的野汉——野猪

◆野猪

人们对家猪非常了解，它们肉丰臀肥，温和懦弱，天生就是等着被人宰杀的命运。我们肯定不会想这样的动物会有什么危险。但是家猪在没有被驯化之前，还真是个猛汉子，也就是现在的野猪。

野猪虽没有家猪长得快，也没有家猪体型大，但是却凶猛异常，老虎也得敬它三分！而且野猪是个大腹便便的家伙，胃口特别好，只要是能吃的，它都吃。这就是我们比较陌生的野猪。本节就为你打开一扇认识野猪的大门。

嘴上好功夫

◆野猪长长的獠牙

野猪又称山猪，它躯体健壮，四肢粗短，体长一般 90 到 200 厘米，体重大约 80 到 100 千克。虽然野猪的个头和体重不及犀牛、河马，但它的凶猛程度却丝毫也不逊色。

野猪最厉害的“武器”要数它的牙齿了。野猪犬齿发达，雄性上犬齿外露，并向上生长，

呈獠牙状。据说野猪能用牙齿把大树连根拔起。除了牙齿，野猪的鼻子也是很重要的“工具”，野猪的吻部突出似圆锥体，其顶端有裸露的软骨垫（也就是拱鼻）。野猪的鼻子十分坚韧有力，可以用来挖掘洞穴或推动重物，或当做武器。野猪的嗅觉也异常灵敏，它可以用鼻子分辨食物的成熟程度，甚至可以用鼻子搜寻出深埋于 2 米厚积雪之下的一颗核桃。野猪还能嗅到隐蔽的鸟巢，从而偷食鸟蛋。雄兽还能凭嗅觉来确定雌兽所在的位置。

生活在海岛上的野猪，如果在食物匮乏的情况下，还能够在浅海中游泳，靠捕鱼充饥。

野猪自幼奔跑于森林之中，练就了一身好体力，它可以连续奔跑 15 千米到 20 千米。这种超凡的体力连优秀的马拉松选手也只能望而兴叹。加上那锋利的獠牙，使得野猪可以在森林里横冲直撞，无所畏惧。

点击——野猪的抗毒性

野猪的食性很杂，就连带毒的蝎子、蜈蚣、毒蛇都不放过。那么野猪是如何抗毒的呢？

虽然现在科学家对野猪是否对毒素具有免疫力还没有一致的定论，但从野猪摄食有毒食物却安然无恙的现象来看，野猪的胃可以说是百毒不侵。据说野猪在吞食毒蛇后，毒蛇的毒牙会咬住野猪肚内壁，而在长期各种中草药“浸泡”下的野猪肚，自有一套疗毒愈伤的高招。野猪被咬的伤口处，会生出肉芽组织，进而形成纤维组织和瘢痕组织，并在胃表面黏膜上留下一个“疔”，“疔”越多，其药用价值就越高。

身上有妙招

野猪皮肤呈灰色，体表被粗糙的暗褐色或者黑色鬃毛所覆盖。这些鬃毛可生长到 17 厘米长。激动时这些鬃毛会根根直竖，尤其是脖子上的鬃毛。野猪的鬃毛不仅可以御寒，还可以向同伴发出报警信号。一旦遇到危险，野猪会立即抬起头，突然发出“哼”声，同时根根鬃毛竖立，同伴见此状会四散而逃。而且这副模样对进攻的动物而言也是一种威吓。

野猪有一个自我保护的妙招，那就是把松脂涂满全身。鬃毛和皮上凝固的松脂形成厚厚的保护层，就连猎枪弹也不易射入。另外，野猪还要花好多时间在树桩、岩石和坚硬的河岸上摩擦它的身体两侧，这样就把皮肤磨得异常坚硬。

对于人类，野猪严格遵守着“人不犯我，我不犯人”的准则，偶尔也会主动袭击人类。但受到人类攻击时将另当别论，受伤的野猪会疯狂地向人类发起反攻，那场景也会令人毛骨悚然。

野猪凶猛机灵，奔跑快速，自我保护能力强，警惕性高，所以很少有天敌。

万花筒

会“气功”的野猪

在欧洲阿尔卑斯山上，有人发现野猪会“气功”。冬天，它们为了尽快下山觅食，便立刻“运气”，使身体呈圆桶状，然后滚下山，不管山多陡、石头多硬，也不会伤其筋骨。

轶闻趣事——家猪与野猪私订终身

◆小野猪们

有趣的是，家猪与野猪也常常结合。在深山密林中，山民们饲养的母猪到了发情期，因一时难以找到配偶，于是便会“私奔”到林内，与野公猪“自由恋爱，私订终身”。度完“蜜月”后，野公猪会依依不舍地把“新娘”送出森林，分手时还会长时间驻足森林边缘，昂首翘望，那场景还真有点令人感动。4 个月过后，爱情的结晶便降生了。小猪崽也是花色的，有黄色条纹，有的黄白相间，有的黄黑相间，既不同于纯种的野猪崽，又与家猪有所区别。小猪崽兼具父母双亲的优良性状，长得既快又壮。野猪的肉为瘦肉型，营养价值很高，这无疑给人们带来了开发野猪的启示。

现在也有人养殖野猪供人们食用。

最大的陆栖动物——大象

◆大象是最大的陆栖动物

大象，哺乳纲，长鼻目，象科，在哺乳动物中最为长寿，据说能活到 60 到 70 岁。长鼻目仅有象科 1 科，共 2 属、2 种，即亚洲象和非洲象。亚洲象历史上曾广泛分布于南亚和东南亚各国，现分布范围已缩小，主要产于印度、泰国、柬埔寨、越南等国，中国云南省西双版纳地区也有小的野生种群。非洲象则广泛分布于整个非洲大陆。大象喜欢群居。柔韧而肌肉发达的长鼻和如扇大的耳朵是大象主要的外部特征。大象的长鼻具缠卷功能，是象自卫和取食的有力工具。大象力大无比，搬运重物最为拿手，可搬运最重达 9 吨的物体，相当于其正常体重的 1.7 倍。大象属于动物世界里名副其实的“大力士”。本节就带你一起走进大象的世界。

象的特征及生活习性

象肩高约 2 米，体重 3000 千克到 7000 千克。象的头大，耳大如扇；四肢粗大如柱，支持巨大的身体，膝关节不能自由屈曲。象的鼻长几乎与体长相等，呈圆筒状，伸屈自如；鼻孔开口在末端，鼻尖有指状突起，能拣拾细物。非洲象长鼻末端有 2 个指状突起，亚洲象仅有 1 个。象的上颌有 1 对发达的门齿，终生生长，非洲象门齿可长达 3.3 米，亚洲象雌性长牙不外露。象的上下颌每侧均有 6 个颊齿，自前向后依次生长，齿冠高，结构复杂。象有 4 足，每足有 5 趾，但第 1 和第 5 趾发育不全。象体被毛但稀疏，体色呈浅灰或褐色。非洲象体型较大，耳大，亚洲象身体较小，体重较轻，耳也较小。

象以家族为单位群居生活，由雌象做首领，雄象偶有独栖。每天活动的时间、行动路线、觅食地点、栖息场所等均听从雌象指挥，而成年雄象只承担家庭卫士的责任。有时几个象群会聚集在一起，结成上百只象的大群。

象可以栖息于多种环境中，尤其喜欢丛林、草原和河谷地带。象以植物为食，食量极大，每日需摄入 225 千克以上的食物。一些象已被人类驯服，养为家畜，可供人类出行时骑乘或服劳役。象牙是名贵的雕刻材料，价格不菲，故象遭到不法分子的大肆捕杀，数量急剧下降。

知识窗

区分公象与母象的方法

一般来说，亚洲象雄象长着伸出嘴外的长牙（也有个别的没有），雌象一律没有。非洲象雌雄都有长牙，只是雄象的牙较大、较长。更直接的判断方法是看生殖器。雄象的睾丸在腹腔内，看不出来；阴茎平时也完全缩回体内，只有在排尿和交配时才会伸出。

大象鼻子的用途

大象的长鼻子可谓是大象的万能工具，具有多种功能。它是大象的呼吸器官和嗅觉器官，还具有触觉功能，可用来摄食、饮水、搬运和进行攻击。更神奇的是，大象的长鼻子还可以用来在个体间交流感情、传递信息。经过训练的大象还能用鼻子握住口琴吹曲子呢。

◆大象的长鼻子

大象鼻子末端的突起上面分布着丰富的神经细胞，所以触觉非常灵

◆大象喝水

敏，能捡起地上的铁钉或小针。

大象时常会竖起长长的鼻子，在空中摆动，可嗅出几百米外甚至更远地方的气味，以此来判断是否有危险。一旦发觉有危险，大象要么是逆风逃避，要么便猛冲，与敌手决一死战。大象的鼻子像人手一样灵巧，这话一点都不夸张。它伸长鼻子能轻而易举地把树上的果子和枝叶掠下，然后用鼻子卷住，送进嘴里；若是取食地面上的草，连根拔起时，会在腿上拍打掉泥土再送进嘴里。

大象的鼻子还可以用来吸水。大象渴的时候，会把鼻子插进河水中“咕嘟嘟”地吸起来，活像一部小型抽水机，要不了一会儿，它就喝足了。对此，有人可能会质疑，象鼻子主要用来呼吸，用它喝水时，难道水不会呛入肺部？其实，这种担心是不必要的。象的鼻腔后面食道上方，有一块特殊的软骨，起到“阀门”一样的关键作用。吸水时，“阀门”关闭，水可以顺利进入食道，而不会进入气管。饮水后，象会喷出鼻内残留的水，这时，“阀门”自动打开，呼吸即可正常进行。真是妙不可言！

象的生活离不开水，天气炎热时，要用鼻子吸足水，然后喷洒全身，给自己“淋浴”。同时，大象还常用鼻子往身上涂泥巴或沙子，形成防护层，以对抗蚊虫叮咬。

大象的鼻子还可以充当防身自卫的武器哩。对付那些身小力薄的袭击者，简直易如反掌。即使遇上体型较大的猛兽，它也不怕。它会用鼻子抽打，用鼻子将敌手卷起，抛入空中，摔个半死。

被驯服的大象帮人搬运可是理想得很。大象能轻松地卷起几百千克重的树木或货物，一头象可抵得上 20 到 30 个人的劳动力。在缅甸和泰国都建有“大象学校”，大象学校是专门为人类培训大象“搬运工”的。

知识库

大象的鼻子为什么功能奇特?

原来，大象的长鼻子由近 4 万块富有弹性的小肌肉组成，有千万根神经末梢。鼻端生有一个（亚洲象）或两个（非洲象）手指般的突起物，有尝味和嗅气味两种功能。正是由于大象鼻子这种奇特的结构，使它功能独特，使用起来得心应手。

知识大讲堂——大象的鼻子怕老鼠

曾经有这样一种说法：大象怕老鼠。因为老鼠钻入大象的鼻子，会令大象喘不过气来。其实这完全是讹传。英国动物学家曾做过一个相关的实验：他把一只老鼠放在大象面前，象把长鼻子伸过去，而老鼠却拼命逃走。假设老鼠真的钻进了大象的鼻子里，大象也能把它甩出去，置于死地。

大象也说悄悄话

大象体型庞大，勇猛无比。那么，这些庞然大物之间是如何进行交流的呢？美国加利福尼亚州圣迭戈野生动物园研究人员发现，大象之间可以用人耳听不到的次声波进行交流。这些“悄悄话”蕴藏多种信息。

◆亲密交谈

爱情信号

负责研究大象“悄悄话”行为的生物学学者马特·安德森介绍，研究人员在圣迭戈野生动物园 8 头雌性非洲象身上安装了可以探测次声波的高灵敏度扩音器和全球定位装置。每周对大象的“悄悄话”进行录制。同时将录音与大象的行为进行对比，以破解大象语言的含义。研究人员发现，母象发情时会使用次声波向雄象发出“爱的呼唤”，“邀请”对方进行交配。这段求爱“悄悄话”往往仅持续几秒钟，但却可被远在3公里外的雄象所感知。

危险警告

“你可能无法想象什么动物会对生下来体重就有300磅（136公斤）的小象造成威胁，”安德森说，“但成群的土狼的确带来不少危险。”研究人员发现，母象经历两年怀孕期后，在产仔前的12天，会发出吼叫声，其中一部分人耳无法听到，类似次声波，这是母象在提醒象群自己将产仔，需对周围猎食者提高警惕。

复杂语言

先前有研究显示，大象之间也可以用简单的语言进行交流。但安德森认为，大象的语言系统远比人类想象的要复杂。母象发出的“低鸣”，不仅仅局限于求爱和提示危险，大象使用的词汇比我们先前估计的要多得多。

安德森认为，对大象语言的研究有望解释象群内部复杂的等级结构，有助于研究人员为象群提供没有压力的生存环境，从而促进象群的繁衍。

知识大讲堂——大象为何没有天敌？

◆象群

大象没有天敌，这得益于大象群体的团结、互助。面对食肉类动物的凶猛进攻，象群众志成城，每头大象都视死如归，奋起反击，抗争到底。这使得捕食大象的食肉类动物很难得手，甚至在大象的拼死反击下伤亡惨重。久而久之，远古时代的食肉类动物自然也就不敢轻易攻击处于成群状态的大象了，以免给自己带来不必要的危险。

另外，大象的身材随进化逐渐庞大起来。食肉类动物要想捕食大象这样身材巨大、力量超凡的食草类动物，自身的体型和力量也必须足够大才行。但大型食肉类动物如果在身材和力量上达到了与大象抗衡的程度，那么，其奔跑速度、灵活性就会大大降低，捕食时自身的隐蔽性也会变差。这样，大型食肉类动物就难以追捕到视力较好、奔跑迅速的斑马、牛羚、羚羊等数量众多的食草类动物了。但因为自然界中像大象这样身材巨大的食草类动物的数量相对稀少，若专门捕食大象则难以维持超大型食肉类动物的生存，因此，自然界中我们所假想的那种超大型食肉类动物是不存在的，身材庞大的大象自然就没有天敌（除了人类）了。

点击——大象与鳄鱼的殊死较量

2010 年 11 月 15 日，在赞比亚的国家公园里，一场大象与鳄鱼的殊死较量正在上演。

一头母象和一头小象来到水洼边饮水，但令它们意想不到的是，一只饥饿的尼罗鳄鱼正在设伏，准备伺机向它们发起攻击。在母象用长长的鼻子吸水的一瞬间，鳄鱼一跃而起，用它那锐利的牙齿死死咬住了母象的鼻子。据专家介绍，鳄鱼常以河中的鱼和小动物为食，但它们也是一个机会主义者，会伺机对陆上动物突然发动袭击。袭击对象包括小河马和南非水牛等，有时也袭击人。但并非每次袭击都能得逞。这次对非洲象的进攻，就过于冒失了。

两头非洲象遭到偷袭后，欲迅即逃离，但鳄鱼却不识时务，仍然死死缠住母象。母象把鳄鱼拖上了岸，鳄

◆象鳄之斗

鱼把小象也绊倒了。此时，鳄鱼才意识到，面前的两个庞然大物不是好对付的，只好作罢，灰溜溜地返回水里。

这场大象与鳄鱼的较量最终以鳄鱼自视不敌而收场。

五毒俱全

——放毒的高手

大千世界，无毒不有。施放毒素是很多动物的秘密武器，它总是有种神秘感，令人畏惧，使人们无不谈“毒”色变。在爬行动物、两栖动物、昆虫、爬虫中都存在有毒的物种，它们的毒液各式各样，有含酸性的化学物质，有破坏组织的酶，还有与动物体内发生化学反应而置对方于死地的毒。而且有毒的物种一般都拥有艳丽的外表，这是它们的警戒色，让其他生物感觉它们在说：“嘿！小心！我可有毒！”这是区分此动物有毒无毒的一个标志点。

害怕有毒的物种是我们与生俱来的感觉，但随着科技的发展，我们渐渐学会利用这些毒来造福人类。比如很多毒液可以药用，根据毒液可以研制抗毒血清，利用毒素制造武器等用途。

相信你已经对这些放毒的高手产生了兴趣，那就赶快来探索它们的奥秘吧。

五毒之首——蜈蚣

◆蜈蚣

蜈蚣是蠕虫形的陆生节肢类动物，属节肢动物门，多足纲。蜈蚣又名百足虫、千足虫、天龙、天虫。蜈蚣的身体由很多体节组成，每一节上都有一对足，身体呈扁平条状。白天蜈蚣隐藏在阴暗的地方，到晚上开始出去活动。蜈蚣以蚯蚓、昆虫等动物为食。蜈蚣与蛇、蝎、壁虎、蟾蜍并称“五毒”，并位居五毒首位，可见其“恶毒”程度。蜈蚣也是一种常用的中药材，性温，味辛，有毒，具多种功效。

蜈蚣的毒性

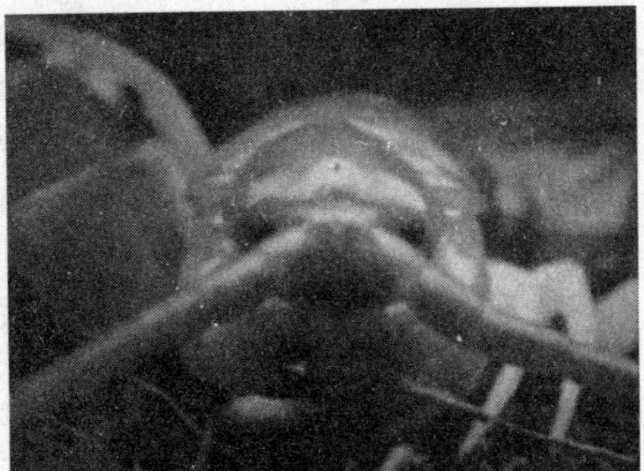
◆蜈蚣

蜈蚣属于多足纲动物，它的第一对脚呈钩状，锐利，钩端有毒腺，一般称为腭牙、牙爪或毒肢，能够排出毒液。被蜈蚣咬伤后，其毒腺能分泌出大量毒液，顺腭牙的毒腺口注入被咬者皮下而致中毒。人亦可中其毒。若人被小蜈蚣咬伤，仅在局部发生红肿、疼痛等症状，若被热带大型蜈蚣咬伤，可致淋巴管炎和组织坏死，有时整个肢体会出现紫癜，严重的可出现头痛、发热、眩晕、恶心、呕吐，甚至会出现谵语、抽搐、昏迷等全身症状。

若不慎被蜈蚣咬伤，应及时用手挤压咬伤处，使毒液不致扩散到皮下组织。随后立即用肥皂水清洗伤口，尽快在被咬伤处敷5%～10%的小苏打水，或用鱼腥草、新鲜桑叶、洋葱、蒲公英叶捣烂，涂擦或外敷。有全身症状者应迅速到医院救治。

习性与食性

◆蜈蚣

蜈蚣性畏阳光，昼伏夜出，喜欢在阴暗、温暖、空气流通的地方生活。蜈蚣大多生活在多石少土的低山地区。平原地区也有分布，但是数量较少。

蜈蚣为典型的肉食性动物，它性情凶猛，食物范围广，尤其喜食小昆虫类。在蜈蚣身体前段有能射出毒液的颚爪，这对颚爪甚至能杀死比自己大的动物。蜈蚣也有同类互相残杀中毒致死的现象。蜈蚣所食的昆虫有蟋蟀、蝗虫、蚱蜢、蝉、金龟子以及各种蝇类、蜂类等，甚至可捕捉蜘蛛、蚯蚓、蜗牛以及比其身体大得多的蛙、雀、鼠、蜥蜴及蛇类等。在食物缺乏时，蜈蚣也会吃些青草及苔藓的嫩芽。

动动手——捕捉蜈蚣的方法

捕捉蜈蚣一般在春末夏初，以惊蛰至清明期间捕捉的质量最好。因为立夏过后，大多雌体会潜藏到隐蔽的地方产卵和蜕皮，较难捕捉。再者，立夏过后，降水渐多，捕捉到的蜈蚣难以干燥，容易腐烂，且肉薄质差。

捕捉蜈蚣要根据其活动特点来进行，具体方法是：

①蜈蚣是肉食性动物，晚上8点至次日凌晨3点为其觅食时间，此时可在它隐觅的场所用手电筒寻找，发现蜈蚣即用竹夹或镊子夹起，放入准备好的竹篮或布袋里。

②选择蜈蚣隐栖的场所，用尖嘴锄或钉耙等工具翻挖土层，搬开石头、砖块，发现蜈蚣即用上述方法捕捉。

③诱捕法。在蜈蚣经常出没的栖息地，于立春前后选择阴暗潮湿的山野地带，挖一“十”字形的长坑，坑长1～2米，宽约0.5米，深15～20厘米，放入鸡毛、马粪、杂骨或鸟粪及一些腐败草木，在上面覆盖些树枝、土块或砖瓦片，引诱蜈蚣爬进缝隙，翌日检查，若有蜈蚣入坑即可捕捉。

百毒之王——毒蛇

◆毒蛇

“一朝被蛇咬，十年怕井绳。”提起蛇总是勾起人们恐怖的想象，尤其是毒蛇，更是惊悚，所以被它们“亲吻”过的人才有这样的心理阴影。蛇的外形奇特，身子盘曲扭动，没有手脚却移动迅速。蛇的全身被鳞片武装，色彩绚丽各异，再加上它们那又红又长的“信”，真是天生的一副恐怖的模样。

虽然毒蛇危险，但它们却是人类的朋友，它们能捕捉老鼠等对人类有害的动物，它们的毒液能供人们当药用，蛇皮蛇胆等都是名贵物品。而且，毒蛇是不会主动攻击人类的，只是当人类在错误的时间、错误的地点与它们不期而遇，出于自我防卫的目的，蛇毒才被迫攻击人的。

毒蛇是如何发动进攻的？蛇毒致命的原理是什么？最毒的蛇是哪种蛇呢？让我们走进毒蛇的世界去了解一下吧。

迅猛的攻击

蛇在陆地上的移动速度并不是那么快，因此蛇不会奔跑起来捕猎，它只能利用伏击战术。通常它会在小老鼠小兔子旁边静候，借助身上的保护色伪装自己，不让猎物发现，然后等到机会出现，它就会发动进

蛇的出现大概在1.5亿年以前，毒蛇的出现则要晚得多。有毒蛇是由无毒蛇进化而来，在2700万年前才出现。

◆著名的毒蛇——竹叶青

攻。无毒蛇通常是将猎物死死缠住，直到猎物窒息而死，再把猎物整个吞下；而毒蛇则是迅速扑向对方，猛咬一口，将致命的毒液注入猎物体内，然后退回，在一旁静候猎物毙命，等到猎物不能动弹时，再将它整个吞下。值得注意的是，虽然蛇的爬行速度并不是很快，但它们攻击猎物时的速度却快得惊人，如果蛇与你相距20厘米，你的反应速度为0.1秒，那蛇足以有时间咬到你。

知识大讲堂——蛇是如何爬行的?

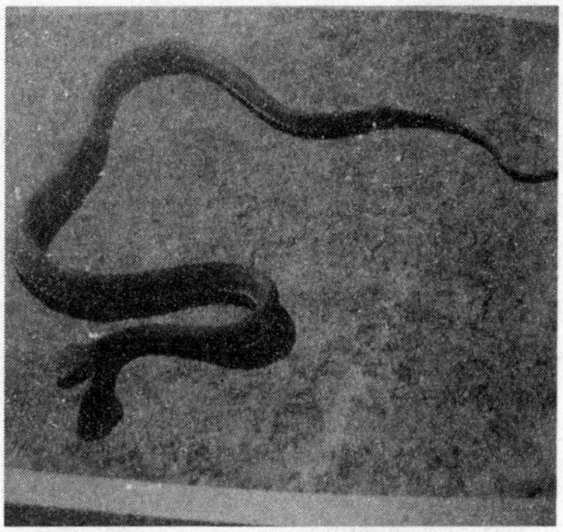
◆蛇的爬行

蛇没有足，之所以能爬行，是由于它们有几种特殊的运动方式。一种是蜿蜒运动。所有的蛇都能以这种方式向前爬动。以这种方式爬行时，蛇的身体会在地面上作波状弯曲动作，使弯曲处的后部施力于粗糙的地面，由地面的反作用力推动蛇体前进。如果把蛇放在平滑的玻璃上，它就举步维艰了。第二种是履带式运动。蛇没有胸骨，而它的肋骨可以前后自由地移动。肋骨与腹鳞之间有肋皮肌相连，当肋皮肌收缩时，肋骨便向前移动，这就会带动宽大的腹鳞依次竖立，翘起的腹鳞就像踩着地面一样，但这时只是腹鳞动而蛇身没有动，接着肋皮肌舒张，腹鳞的后边缘就施力于粗糙的地面，靠反作用把蛇体推向前方。这种运动方式能使蛇身直线向前爬行，就像坦克运动那样。第三种方式是伸缩运动。蛇身前部抬起，尽力向前伸，接触到支持物时，蛇身后部立即跟着缩向前去，然后再抬起身体前部向前伸，碰到支持物，后部再缩向前，这样交替伸缩，蛇就能不断地向前爬行了。

蛇毒的秘密

> 毒蛇的毒液只能在血液中才能起到相应作用，而饮用毒液则不会对人体造成伤害。

有毒的蛇的头部多为三角状，有毒腺，能分泌毒液。毒蛇咬杀猎物时，毒液从毒牙中流出，使被咬者中毒，有些蛇还能将身子直立起来，喷射毒液。

蛇毒的组成非常复杂，主要是具有酶活性的蛋白质。虽然酶起着重要作用，但蛇毒中更重要的可能是一些分子量较小的多肽。大多数蛇毒成分会与受害者多种生理受体部位相结合，一般我们把蛇毒分为：血液循环毒、神经毒、混合毒。

血液循环毒素会造成被咬伤处迅速肿胀、发硬、剧痛、流血不止，皮肤变为紫黑色，常发生局部坏死，淋巴结肿大等症状。经 6 到 8 小时可扩散到头部、颈部、腰背部和四肢。人若被这种蛇咬伤，会出现全身战栗，心跳加快，体温升高，呼吸困难，不能站立等现象，之后还会鼻出血，尿血，抽搐。如果被咬伤后 4 小时内未得到有效治疗则会因心力衰竭或休克而死亡。常见的竹叶青、五步蛇、蝰蛇等都能分泌这种毒素。

金环蛇、银环蛇、白花蛇、海蛇等蛇含有神经毒素。被这些毒蛇咬伤后，局部症状不明显，流血少，红肿热痛轻微，看似并无大碍，但是伤后数小时内就会出现急剧的全身症状，病人兴奋不安，痛苦呻吟，全身肌肉颤抖，口吐白沫，吞咽困难，呼吸困难，最后卧地不起，全身抽搐，因呼吸肌麻痹而死亡。

眼镜蛇、眼镜王蛇和蝮蛇的蛇毒属于混合毒素。被咬伤后局部伤口红肿，发热，疼痛，可能出现坏死。毒素扩散后，全身症状严重而复杂，既有神经毒产生的症状，又有血液循环毒素造成的损害，最后，因窒息或心力衰竭而死亡。

万花筒

小蛇毒性大

虽然一般情况下被大蛇咬伤症状更严重，但是在很多情况下，刚孵化出不久的小蛇完全有可能比它那茶杯粗的蛇妈妈毒性大。尤其是刚刚孵化的小蛇较少捕食，因此咬人时注毒量相对较多，而且小蛇大多初生牛犊不怕虎，对人凶狠。

新视角——蛇毒的新用途

蛇毒的治癌作用

癌症是危害人类健康的三大疾病之一，目前尚无有效治愈方法，各国科学家正在将蛇毒作为攻克这一堡垒的新武器。中国医科大学蛇毒研究所试图从辽宁大连蛇岛所产的蝮蛇蛇毒中找到能抑制肿瘤生长有效成分，他们开展了蛇岛蝮蛇的原毒与分离毒对比抑制肿瘤的试验，发现9种不同浓度的蛇毒对小鼠肉瘤均有不同程度的抑制作用，抑瘤率有的高达87.1%。

◆著名的毒蛇——眼镜王蛇

蛇毒的抗凝作用

中国云南昆明动物研究所从我国五步蛇的毒液中提取研制的“去纤酶”物质于1981年通过技术鉴定，用于治疗血管血栓病，有效率达86.4%。中国医科大学与沈阳药学院协作研制的蝮蛇抗酸酶，用于治疗血管闭塞性疾病在临床上也取得了满意效果。中国医科大学蛇毒研究所研制出蛇毒抗酸酶，能降血脂，扩张血管，减少血中血栓素含量，增加前列环素，使血管平滑肌舒张，是理想的抗凝溶栓制剂。

蛇毒的止血作用

日本利用从蝰蛇中提到的一种促凝成分，应用于临床外科、内科、五官科、妇产科等多种出血性疾病。该药名叫“爬虫酶注射剂”。

蛇毒的镇痛作用

1976 年云南昆明动物研究所从眼镜蛇毒中研制成功“克痛灵”，临床用于治疗各种疼痛性疾病，取得独特的镇痛效果；曹宜生研制的“复方克痛宁”在治疗神经性疼痛，癌痛和戒毒方面显示出了很好的疗效。由于蛇毒镇痛剂有更高的镇痛活性，且无成瘾性，临床用于代替吗啡治疗癌症晚期的疼痛。

小博士

中国十大毒蛇

白唇竹叶青	眼镜蛇
白眉蝮	灰蓝扁尾海蛇
尖吻蝮	金环蛇
眼镜王蛇	银环蛇
原矛头蝮	圆斑蝰

强大的吞噬能力

蛇的消化系统非常强大，有些蛇在吞咽食物的同时就开始消化，它还会把骨头吐出来呢。

蛇强大的吞噬能力表现在蛇能吞进比自己大许多倍的食物。蛇在吞食时先将嘴巴张大，把动物的头部衔进口里，用牙齿卡住动物的身体，然后凭借下颌骨做左右交互运动慢慢地把食物吞下去。当其一侧下颌骨向后转动时，同侧的牙齿就会钩着食物往咽部送进一步，继之另一侧下颌骨向后转动，同侧牙齿又把食物往咽部送进一步。这样，凭借下颌骨的不断交互向后转动，即使很大的食物，也能吞下去。蛇

> 我国古代早就有巴蛇吞象的传说，据说巴地有能吞食大象的巨蛇，它吞食大象三年之后才吐出骨头。

◆蛇强大的吞食能力

的上下颚是由韧带相连的，所以吞食猎物时上下颚可以分开，让比自己粗大的猎物顺利通过咽喉，而且蛇颈部的皮肤也有很强的弹性。蛇的牙齿是不能咬碎食物的。蛇的消化系统以及相应的肌肉组织都有很大的收缩和扩张能力，帮助蛇消化。蛇的消化还要靠在地上的爬行，利用肚皮和不平整的地面的摩擦来帮助消化。毒蛇的毒液实际上是蛇的消化液，蛇消化液的消化能力是很强的。

蛇吞食的速度与食物大小有关，小白鼠 5 到 6 分钟即可吞食掉，较大的鸟则需要 15 分钟左右。蛇消化食物很慢，每吃一次要经过 5 到 6 天才能消化完全，但消化高峰多在食后 22 小时到 50 小时之间。如果吃得多，消化时间还要长一些。蛇的消化速度还与外界温度有关。

小博士

蛇的天敌

哺乳动物中的獾、鼬、浣熊、刺猬、獴等，鸟类中的鹰、雕、鹫、犀鸟、鹳等，两栖动物中的大蟾蜍和牛蛙等都能捕蛇，还有许多以其他蛇类为食的蛇，如眼镜王蛇等。

小书屋

蛇的复仇与报恩

蛇的记忆力很好，也非常记仇。它能准确地认出曾经伤害过它的人，多年以后还会伺机进行报复。蛇的同类受到侵犯时，有时也会群起而攻之。但蛇也会报恩，现实生活中曾出现过家蟒在洪水里救了小孩，家蟒在洪水中为人带路，海南蟒蛇抓小偷照顾小孩等事件。

美丽之罪——箭毒蛙

◆蓝宝石箭毒蛙

箭毒蛙是全球最美丽的青蛙，同时也是毒性最强的物种之一。箭毒蛙的体型小得跟一只臭虫差不多，但却格外引人注目，因为它那艳丽的外表无不吸引所有动物的注意力，它们有红、黄、绿、蓝各种颜色，还有花花绿绿彩色的呢。这些颜色可不是用来招揽朋友的，而是用来警告其他生物的，它们好像在说："我可毒着呢！当心你的小命！"除了人类外，箭毒蛙几乎再没有别的敌人了。

这妖艳的小东西究竟有多大能耐呢？人们又是怎样与它们相处的呢？让我们来认识认识它们吧。

最毒的两栖动物

箭毒蛙个体非常小，最小的仅1.5厘米，只有少数的可以长到6厘米，也就是说最小的还没有成人的一个拇指大，最大的也只有两个手指那样大。不过它们却长得异常美

箭毒蛙主要分布于拉丁美洲从尼加拉瓜到巴西东南部和玻利维亚一带。巴西、圭亚那、智利、哥伦比亚等热带雨林中经常能寻觅到它们的踪迹。

丽，是蛙类中的选美皇后，它们的皮肤被异彩斑斓的颜色所包裹，通常是鲜红、金黄、粉红、翠绿、深蓝等亮艳的颜色做底色，再夹杂着黑色的斑纹。不要看它个子小，长得俊，就以为它是弱不禁风的小可怜，那你就错了。其实在箭毒蛙的皮肤下有许多腺体，它能分泌出剧毒的黏液，既可以润滑皮肤，又能当做自己的保护伞。任何生物都害怕它，因为不到一粒盐那么多的毒液就可以杀死一个人，一只箭毒蛙身上的毒素就能够轻松杀死两万只老鼠。所以它们根本就不用同它们的亲戚那样，躲避其他动物的攻击，因为常年的生活中，其他的动物已经领教到它们的厉害了，没有谁敢伤害它们，毕竟自己的生命是宝贵的。

箭毒蛙在美洲的热带雨林中生活得很惬意，既不用担心敌人袭击，也不用担心食物匮乏，因为它们是以果蝇，蚂蚁和蟋蟀为食的。为了增加自己的毒性，箭毒蛙还会多吃蜘蛛等具有毒性的生物，这些有毒生物的毒素会被箭毒蛙吸收转化为自身的毒液。

链接——几种有名的箭毒蛙

最毒的箭毒蛙是哥伦比亚鲜黄色的叶毒蛙属，仅仅接触就会伤人。而且毒素能被未破的皮肤吸收，导致严重的过敏。

箭毒蛙家族中蓝宝石箭毒蛙具有相当高的毒性，它们绚丽的体色就会使潜在的掠食者远远避开。

黄金箭毒蛙则是箭毒蛙中毒性较强的一种，一只黄金箭毒蛙的毒素足够杀死10个成年人。

◆草莓箭毒蛙

草莓箭毒蛙毒素的毒性比其他箭毒蛙的要小一些，但是草莓箭毒蛙的毒素会引起伤口肿胀并有灼热的感觉。

致命的毒液

人们做了一系列复杂的研究之后发现，箭毒蛙的蛙毒能够破坏神经系统的正常活动，其主要作用形式是：阻碍动物体内离子的交换，使神经细胞膜变为神经脉冲的不良导体，这样一来，神经中枢发出的指令就不能正常到达各个组织器官，最终导致心脏停止跳动而死亡。不过，箭毒蛙的毒液只能进入人的血液中起作用，如果不把皮肤划破，毒液至多只能引起皮疹，而不会致人死命。

箭毒蛙的毒性特别强，冠于一切蛙毒之上。取10万分之一克的毒液即可毒死一个人，500万分之一克的毒液可以毒死一只老鼠。

点击——以毒液当武器

◆黄金箭毒蛙

很早以前，印第安人就利用箭毒蛙的毒液去涂抹他们的箭头和长枪。他们用锋利的针把毒蛙刺死，然后放在火上烘烤，当蛙被烘热后，毒液就从腺体中渗出来。这时他们就拿箭尖在蛙体上来回摩擦，毒箭就制成了。用一只箭毒蛙的毒液可以涂抹50支箭，用这样的毒箭去射猎野兽，可以使猎物迅速死亡。

还有一种方法是，把尖锐的木棒插入蛙嘴，直到蛙释出有毒生物碱的泡沫为止。一只箭毒蛙能够提供50支箭所需的毒素，有效期限一年。

八只脚行天下——蜘蛛

◆蜘蛛

在久无人住的破屋中，在阴暗的墙角里，在茂密的树林里，一种有着很多条腿的小怪物，数数原来是八只腿，盘踞在银白的轻盈大网上，静候误撞上大网的送上门来的食物。你一定对它不陌生，可能很多时候它会把你吓一跳，因为它们被认为是很危险的动物，会吐那恶心的网，有剧毒，八只又长又细的节肢腿脚晃动着，的确让人害怕。这就是在地球上分布极广泛的蜘蛛。

大多蜘蛛毒性很小，也是对人类有益的，而在人迹罕至的森林中，却隐匿着一些恐怖的剧毒蜘蛛。本节我们就来探索可怕的毒蜘蛛家族。

“化尸大法”

黑寡妇蜘蛛是一种具强烈神经毒素的蜘蛛。它是一种广泛分布的大型蜘蛛，热带及温带地区有发现。成年雌性黑寡妇蜘蛛腹部呈亮黑色，并有一个红色的沙漏状斑记。

蜘蛛的毒液是它们的重要武器。

大部分蜘蛛都带有毒腺，一般都在螯肢内或背甲下方，毒腺管经过螯肢开口于螯牙末端。毒腺可能起源于一种辅助消化腺体。许多蜘蛛毒腺的分泌物都是消化酶，有的蜘蛛的分泌物能制服捕获物，甚至对抗掠食的动物。蜘蛛猎食时先向猎物体内注入毒素麻痹猎物，等消化液在猎物体内溶解猎物，再慢慢吸食，一点儿不漏地吃个干净。

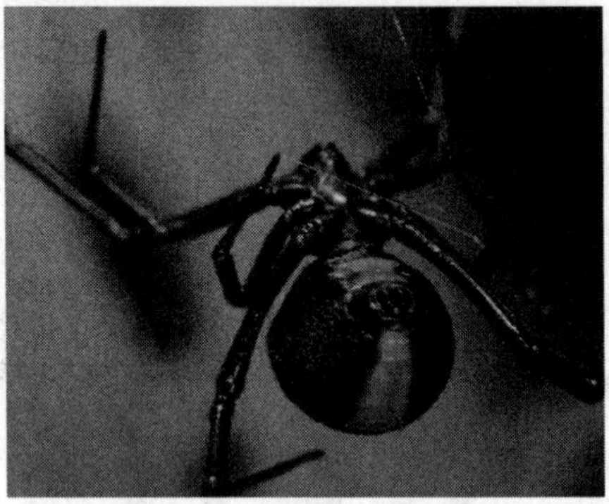
◆黑寡妇蜘蛛

真正的有毒蜘蛛有多少，尚没有确切统计，世界上毒性较强的蜘蛛有球腹蛛科的地中海黑寡妇蜘蛛、甲蛛科的褐平甲蜘蛛、天疣蛛科的澳洲漏斗蜘蛛、栉足蛛科的黑腹栉足蜘蛛、捕鸟蛛科的澳洲捕鸟蛛。其中被线蛛属、捕鸟蛛属蜘蛛咬伤的伤口大而深，被狼蛛属、园蛛属等蜘蛛咬伤的情况则较轻。另外北美洲的杀人蛛毒性也很强，以20克重的小白鼠做试验，静脉注射0.006毫克毒素，2到5小时内即会死亡。雌性蜘蛛的毒性要比雄性蛛的毒性强很多，雄性蜘蛛一般不会给人以致死量的毒素。

蜘蛛的药用价值

蜘蛛的药用价值较高，我国历代医书如《本草经集注》、《唐本草》、《本草纲目》中记载蜘蛛以全虫、蜘蛛蜕壳及蜘蛛网入药，主治痔疮、毒蛇咬伤、中风、口噤、口眼歪斜、半身不遂、小儿惊风、脑溢血、癫痫等。在医学方面，蜘蛛的应用范围不断扩大，蜘蛛毒注射液、蜘蛛丸、纯蛛粉、腋臭灵、脑力再造丸、增微三号、增微五号等应用于临床的药品已达200多种。在美国，一支谷氨酸蜘蛛毒对抗剂售价高达1300美元。我国自行研制的国家一类新药虎纹镇痛肽的主要成分也是蜘蛛毒，对于癌症和手术后疼痛的病人是一种很有前景的低毒、高效、不成瘾、用于各种顽固性疼痛的非吗啡类新型镇痛药。由于其作用机理不同于吗啡，因此没有吗啡类镇痛药的成瘾性等毒附作用。

小书屋

与植物合谋吃人的蜘蛛

在美洲亚马孙河流域的一些森林或沼泽地带，成群地生活着一种毛蜘蛛。这种蜘蛛喜欢生活在日轮花附近。原来这种花又大又美丽，很能将一些不明真相的人吸引到它的身边。不论人接触到它的花还是叶，它很快将枝叶卷过来将人缠住，这时它向毛蜘蛛发出信号，成群的毛蜘蛛就过来吃人了，吃剩的骨头和肉，腐烂后就成了日轮花的肥料。

网行天下

大多数蜘蛛会用最少的丝织成面积最大的网。网就像一个空中过滤器，专捕那些未看见细丝、飞行力不强的昆虫。网虽复杂，但蜘蛛一般在1小时内即能织成。蜘蛛织网大多在天亮前完成。若网在捕食时被破坏，蜘蛛就立即另织一新网。织圆网时，蜘蛛先放出一条丝，让丝随风飘荡。如果丝的游离端未能黏在物体上，蜘蛛会把丝拉回来吃掉；若该丝牢固地黏在某物（如墙壁）上，蜘蛛就会从该丝桥上通过，再用丝将它加固。

轻松一刻

世界上最大的蜘蛛

世界上最大的蜘蛛是生活在南美洲潮湿森林中的格莱斯捕鸟蛛。格莱斯捕鸟蛛在树林中织网，以网来捕捉自投罗网的鸟类为食。雄性蜘蛛张开爪子时有38厘米宽，重量约为120克，毒爪的长度为2.5厘米。当格莱斯捕鸟蛛咬住猎物时，它先设法使猎物不能动弹，然后，将消化液注入猎物体内，这时，它就可以品尝美味了。

为什么蜘蛛在结网过程中不会黏住自己?

原来蜘蛛的腿根部位能分泌一种特殊的油状液体，正是这种液体的润滑作用，让蜘蛛能够在蛛丝上来去自如，如履平地。蜘蛛腹部末端有好几个纺丝器，

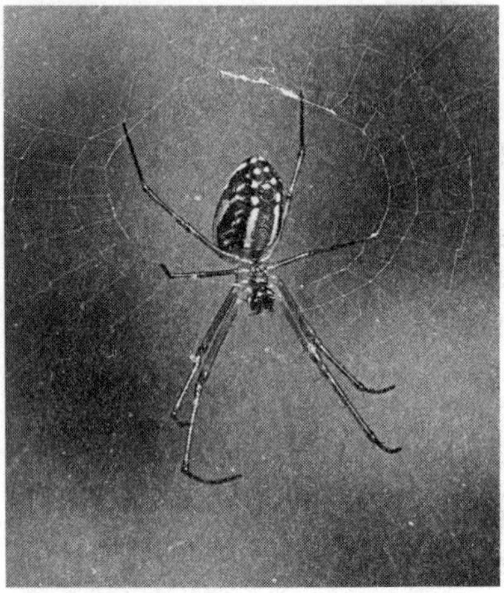
◆蜘蛛与蜘蛛丝

可以纺织出不同的蛛丝。有的蛛丝没有黏性（称为干丝），有的有黏性（称为黏丝）。蜘蛛织网时，先用不带黏性的蛛丝织出支架和由中心向外放射的辐丝，再用带黏性的蛛丝织出一圈圈螺旋状的螺丝。只要蜘蛛不碰螺丝，就不会被黏住。也就是说，蜘蛛都是在不带黏性的蜘蛛丝上移动的，所以不会被黏住。

蜘蛛先在桥的中央固住一丝，自身坠在一条丝上向下垂，到地面上或其他物体上，把此丝黏住。然后蜘蛛回到中心，拉出数根从网中心向四周辐射的辐射丝。接下来，蜘蛛爬回网的中心，用干丝从里向外拉临时的螺旋丝，各圈螺旋丝之间的间距较大。然后蜘蛛再爬到最外围，从外向网中心织带黏性的较紧密的捕虫螺旋丝。一边结，一边把之前结的不带黏性的干螺旋丝吃掉。等网全部完工后，有的蜘蛛会从网中心拉一根丝（称为信号丝）爬到网一角的隐蔽处隐蔽起来。

展望——高强度材料：蜘蛛丝

俄罗斯科学院基因生物学研究所专家正在积极研究利用蜘蛛丝来制造高强度的材料。蜘蛛腹部后方有一簇纺织器，内通体内的丝腺。该腺体分泌的蛋白质液体能够在空气中凝结成极其牢固的蛛丝。据俄《莫斯科共青团员报》报道，俄科学院基因生物学研究所专家在对由蛛丝结成的、具有一定厚度的材料进行实验时发现，这种材料的硬度比同样厚度的钢材要高 9 倍，弹性比最具弹力的其他合成材料还要高 2 倍。专家认为，对上述蛛丝材料进一步加工，可用其制造轻型防弹背心、降落伞、武器装备防护材料、车轮外胎、整形手术用具和高强度渔网等产品。

若有猎物投网，蜘蛛通过信号丝的振动便可闻讯而来取食。有的蜘蛛会头朝下留在网中心，等候猎物，有猎物时先用丝将其缠绕，再叮咬并将其带回网中心或隐蔽处进食或贮藏起来。蝶蛾类较大，很容易逃脱，故蜘蛛会先叮咬，后用丝捆缚。对投网的昆虫，蜘蛛会对猎物注入一种特殊的液体枣消化酶。这种消化酶能使昆虫昏迷、抽搐，直至死亡，并液化其肌体，液化后蜘蛛以吮吸的方式进食。有些蜘蛛会结公用网，如加彭的社会漏斗蜘蛛会筑一大网，几百只蜘蛛共同捕食。蜘蛛在控制某些昆虫的种群上起着重要的作用。织网过程已经引起科学家的兴趣，并已用于研究影响神经系统的药物的进程当中（用药后蜘蛛所织的网异于平常）。

在巴布亚新几内亚，人们用来捕鱼的渔网是由蜘蛛织成的。人们只是把渔网的基底织好，然后将“半成品”挂在两棵树之间，再由蜘蛛去完成大部织网工作。

动动手——采集蜘蛛标本

1. 采集工具

（1）采集玻管（可用塑料管代替）。

（2）小玻璃瓶。

（3）酒精：75%～85%浓度，最好再加入0.5%～1%的甘油，能软化虫体。

（4）镊子（一大一小两把）、铲子、放大镜、培养皿、棉花、铅笔、毛笔、记录本、采集袋。

（5）捕蛛网：用白色光滑而结实的绢或布，裁剪成宽20厘米、长60厘米的梯形布4块，缝织成网袋，并用8厘米的白棉布做袋口。网柄可由2到3节缝合。

◆漏斗形蜘蛛

（6）存放管或活标本管：选用厚实的玻璃空管，或专用存放盒（或用录像带盒），将捉到的蜘蛛标本放入其中存放，可制作标本，也可供人工饲养。

2. 采集方法

（1）蜘蛛的种类不同，采集方法也会不一样，采集动作要稳、准、快。采集的目的不同，处理方法也不同，要尽可能采集成熟的个体，保护整体完整，要尽

可能避免用手去捕捉，以免被有毒蜘蛛咬伤。最后及时做好各项记录，如采集时间、地点、种类、花纹等。要先观察，后采集，若蜘蛛不受惊则不会逃跑，若遇到雌雄蛛在一起，要尽量同时采集到，并合装在一个玻璃管内。

（2）采集游猎型蜘蛛可采用击落法和扫捕法。将捕蛛网或白棉布或塑料盘，放在树枝下方，用竹木棍击打枝叶，蜘蛛受到剧烈振动就会自行下落，用玻璃管扣捕即可。或在草丛枝叶间用捕虫网横扫。

（3）采集造网型蜘蛛要区别来对待，造圆网的圆蛛科蜘蛛夜晚喜欢蹲在网中心捕食，白天或强光下常躲在网的一角或植物叶的背面隐藏起来，可轻拨蛛网，利用蜘蛛受惊会沿丝下降的习性，可用玻璃管从下方承接。造漏斗网的漏斗蛛科蜘蛛动作敏捷，较难捕捉，须将网轻轻拨动，将蛛诱出，迅速将漏斗口封住，用玻璃管扣捕。对造褛网的褛网蛛科蜘蛛同样要用诱捕方法。对结不规则网的蜘蛛，要看准其在网上的位置，若以假死跌落在草丛中，可拨开草丛扣捕。对常躲在墙根，于地表挖洞穴居的蜘蛛，首先要寻找撒在洞口周围的新鲜的湿土粒，据此找出洞口的位置，先用小草轻拨活动盖，诱蜘蛛爬出洞口，再用铲子从洞旁斜铲入土，使其洞穴被封，无路可退，则只有被擒了。

（4）采到蜘蛛后，或用于制标本，或用于人工饲养，如要做种类鉴定的话，则要对蜘蛛的螯肢、雌蛛的外雌器、雄蛛的触肢器作进一步观察。

毒辣辣的尾刺——蝎子

◆蝎子

认识了“八足将军”——蜘蛛，想必大家对节肢动物已经有所了解。这类生物有毒的可不少。这里再向大家介绍一种毒辣辣的节肢动物——蝎子。

两把气势汹汹的大钳子，粗大带钩的毒尾，满身毛刺的身体，让人不敢离它太近。不管是被它的大钳子夹住，还是尝一口毒尾的滋味，恐怕都不好受。这种与蜘蛛为近亲的动物也有它亲戚的毒辣和霸气，而且蜘蛛到了它们面前，也只能成为它们的美食了，可见蝎子是种不能被忽略的危险动物。

那么蝎子的毒有多厉害呢？蝎子对人类又有哪些用途呢？看完本节你就会明白。

全副武装的猎手

蝎是肉食性节肢动物，跟蜘蛛是亲戚，但它的形态与蜘蛛相差还是很大的。蝎浑身全副武装，周身披着坚硬的壳质的铠甲，头部和胸部不分节。蝎的头胸部有起瞭望作用的单眼和复眼及六对活动灵活的附肢。第一对钳状的附肢叫螯肢，第二对是巨大的螯足，叫做脚须。当蝎将双螯举起时，就好像举起强有力的铁锤在耀武扬威，这是蝎捕捉猎物的重要工具。其余四对则是用来奔跑的，叫步足。蝎的腹部较长，分节明显，前腹七节，较宽，后腹五节，较窄，末端有一球体，内藏毒液，突起部分形成尖尖的尾刺，高高举起，活像一把骇人的战刀。

◆大大的钳子长长的尾刺

蝎是夜行性动物，主要以昆虫和蜘蛛为食。蝎用巨大并且强有力的脚须攫住猎物，将其粉碎，并吸其液汁，遇到大型的猎物则用触肢将猎物夹住，然后后腹部（蝎尾）举起，弯向前方，用毒针刺蛰，毒腺外的肌肉收缩，毒液即自毒针的开孔处流出，注入猎物体内。大多数蝎的毒素足以杀死昆虫，但对人无致命的伤害，只会引起灼烧样的剧烈疼痛感。蝎用螯肢把食物慢慢撕开，先吸食捕获物的汁液，再吐出消化液，将其组织经体外消化后再吸入肚中，因此，蝎子的进食速度很慢。

知 识 窗

六亲不认的蝎子

蝎子不仅对猎物凶猛，而且对亲人也很残忍。交配前，雌雄蝎脚须相钳，交臂跳舞，可持续数小时之久，然而，一旦雄蝎完成授精，雌蝎就凶相毕露，一口咬死雄蝎作为食物。

展望——全蝎与蝎毒的作用

从我国人工养蝎的发展历程来看，20 世纪 80 年代中期以后，除少量蝎继续满足中医药发展的需求外，大量全蝎产品是供人们用来保健、养生或作为菜肴的。蝎有较高的药用价值和食用价值。全蝎能治疗惊痫、风湿、半身不遂、口眼歪斜、耳聋语涩、手足抽搐等疾病。蝎毒具有祛风、解毒、止痛、通络的功效，也对食道癌、肝癌、结肠癌等有一定疗效。蝎的营养价值丰富，是重要的滋养保健品。

蝎毒具有两大毒素，神经毒素和细胞毒素，它在神经分子，分子免疫，分子进化，蛋白质的结构与功能等方面有着广阔的应用前景。蝎毒对神经系统、消化系统、心脑血管系统疾病和癌症、皮肤病等多类疾病以及对人类危害极大的各种

病毒均有预防和抑制作用。蝎毒的研究日益被各国科学家所重视，在国际市场上蝎毒价格不菲。欧美一些国家已把蝎毒制剂用于临床。目前国内已有多家科研单位进行研究并开始计划生产。可以预测蝎毒将会为人类医疗保健事业发挥巨大作用。

蝎毒的威力

◆巴勒斯坦毒蝎

蝎毒主要含有多种对抗昆虫的神经毒素和对抗哺乳动物的神经毒素，且含有心脏毒素、溶血毒素、透明质酸酶及磷脂酶等。每次尾螯的排毒量有1毫克左右。中国蝎毒的毒性及致死率比美洲地区的要小。对抗哺乳动物的神经毒素主要作用于钠通道，是研究钠通道的主要工具药。蝎毒对人的危害较大，可引起受害部位疼痛、麻木和刺麻感，但通常无肿胀现象。儿童能出现紧张不安，头、颈、眼异常且胡乱晃动，成人主要表现为心跳过速，高血压，呼吸加快，疲劳无力和运动障碍。成人和儿童均可发生呼吸困难，并常并发流涎过多的症状。儿童对蝎毒甚为敏感，中毒后必须尽快使用抗蝎毒血清治疗。分布在墨西哥、印度尼西亚和印度等地毒蝎的蝎毒能致人死命。

蝎毒至少有两种。一种为血液类毒素，可致局部轻度至重度反应，如水肿、变色、疼痛。另一种为危险的神经毒素，可致严重的局部或系统性后果，如惊厥、瘫痪、心率紊乱甚至死亡。大多数蝎遇动物时宁可退避也不攻击，而且不会主动去螫人，除非受到骚扰。

小博士

最毒的蝎子

地球上毒性最大的蝎子是巴勒斯坦毒蝎。巴勒斯坦毒蝎生活在以色列和远东的一些地方。该蝎子长长后腹的末尾是带有很多毒液的蛰针。当蝎子受到骚扰时，会趁你不注意刺你一下，蛰针释放出来的毒液让你极度疼痛，严重的使你抽搐、瘫痪，甚至心跳停止跳动或呼吸衰竭。

动动手——蝎毒的提取

◆中东金蝎

1. 采毒对象：一般来说，生长发育正常的成年蝎都可用来采毒。雌蝎的毒量多些，雄蝎的毒液相比较少，不过应注意临产孕蝎严禁采毒，否则仔蝎的成活率很低。

2. 采毒方法：应采用动物毒采集仪以电脉冲刺激法来采取蝎毒，坚决抵制剪尾法和人工机械刺激法采毒。因为电脉冲刺激采毒后仔蝎的成活率较人工机械刺激法及剪尾法大大提高，并且可以多次采毒，在经济上合算，也有利于保护动物，是一种行之有效的采毒方法。

3. 采毒季节：采毒只能在适宜蝎子生长发育的季节进行。以温度指标来说，以25℃～39℃为采毒最佳温度，20℃以下就不宜采毒了，更不能在蝎子冬眠期间采毒，否则可能导致蝎子的死亡。

4. 采毒周期：在电脉冲的刺激下，每采一次毒都基本上会使毒腺中的毒液排空。新合成毒液涉及蝎体内一系列的生物化学反应，这一过程所需的时间就叫采毒期，一般为7到20天。

5. 加强管理：采毒后的蝎动作迟缓，捕食能力下降，但食欲大增，因此，采毒后应将蝎放在温度和湿度条件适宜的地方，先让其自然恢复体力；待其能正常活动后，应投放一些小型多汁的幼虫（不要放老龄体大的虫子）供其采食；由于蝎被采毒后食欲增大，故白天也须投放一定量的食物。

以多胜少的群体——杀人蜂

杀人蜂，又叫非洲蜜蜂、胡蜂。这种蜂种是由非洲普通蜜蜂跟丛林里的野蜂交配发育繁殖出来的新品种，具有对人畜较大的杀伤力。非洲蜜蜂主要造成的危害在于其攻击性，而且，它们大多是群体性攻击，一次可以招引几千只蜂共同蛰咬，这样注入到对方体内的毒液就相当多了，对方就会很快中毒而亡。因此，“杀人蜂”这个称号用在它们头上一点也不为过。

这些致命的杀手是怎样产生的呢？它们又是如何发动群体攻击呢？本节为你解答。

◆杀人蜂

杀人蜂的“凶案”

20世纪70年代中期，有一名女教师在回家的路上，手背上偶然停落了一只蜜蜂，她顺手打了一下，没想到转眼间，几百只蜜蜂劈头盖脸地飞来，在她面部和后背蜇了几百处伤痕，人们将她送到医院，但不久她就死了。

蜜蜂研究专家奥利·泰勒教授对杀人蜂进行了多年研究后发现，蜂王是蜂群行动的指挥者，一旦发现活动中的生物，就“命令”进攻，穷追不舍，一追就是几公里。

在巴西里约热内卢，有一天正在进行一场足球赛，突然飞来一大群杀人蜂。这些蜜蜂非常凶猛，见人就蜇，顿时，球场上秩序大乱，一场热闹的足球赛就这样不欢而散。有一年，巴西的几名工作人员在清扫烟囱时发现了一个蜂窝，一不小心触怒了那里的杀人蜂，霎时间，它们发了疯似的倾巢而出，整个天空响起了可怕的嗡嗡声。不管是人还是牲畜，只要是活动的物体，疯狂的蜂群都要拼命攻击。事后有人统计，在3个小时内，竟有500余人总共被蜇了3万多下，平均每人60多下。此外，还有许多猫狗和畜类被蜇死。在另一起杀人蜂袭击人的事件中，受伤的人竟超过了1000人。

这些杀人蜂到底是从哪儿冒出来的呢？原来，这种可怕的杀人蜂竟然是由于人类自己的偶然疏忽才产生出来的。

1956年，巴西的昆虫学家为了改良当地的蜜蜂品种，使它们能多产蜜，就特意从非洲引进了一种野性十足、产蜜量高的野蜜蜂，与当地的蜜蜂进行杂交，没想到竟繁育出了这种攻击性极强的新蜂。后来，由于管理人员的疏忽，一些杂交蜜蜂从实验室逃了出来，迅速在野外繁殖起来，就成了现在恐怖的杀人蜂。尽管人们采取了许多措施，想消灭这一大祸害，可是，这些杂交蜜蜂适应自然的能力极强，繁殖的速度又很快，所以，至今还没能有效地遏止它们的蔓延。

杀人蜂的毒液

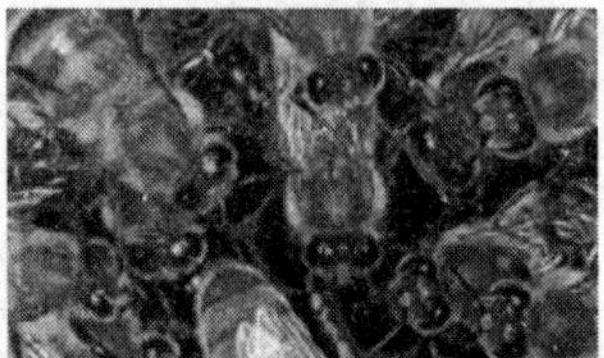
◆蜂王

杀人蜂身体里究竟有什么物质可以使人丧命？原来，蜂毒是由工蜂的毒腺分泌的一种淡黄色透明的液体，其化学成分极其复杂，除了含有大量水分外，还含有多种多肽、酶、生物胺、胆碱、甘油等物质和19种游离氨基酸等。在这些多肽类物质中，蜂毒肽的含量最高，约占蜂毒（干重）的50%。正是这一成分成为被蜇者致病致死的罪魁祸首。因为蜂毒肽是一种强烈的心脏毒素，能够收缩血管，同时蜂毒的溶血性又极强，因此对心脏有极大的损害。安康中心医院肾脏内科的一位大夫说，遇袭者在被蜇后，普遍出现头痛、恶心、呕吐、发热、腹泻、气急、气喘、呼吸困难等诸多复杂症状，以致肌肉痉挛、昏迷不醒，严重者会出现溶血、急性肾衰竭而死亡。安康市中心医院收治的死亡

病例大多是由于心脏或是肾脏功能的损害而致死的。

与其他蜜蜂不同

杀人蜂的筑巢地点较集中，一般采取群体行动。一旦遭受入侵，能在极短时间内发动集体进攻，追杀入侵者可达24小时之久，誓死报复。杀人蜂飞行的距离较远，利于蔓延。

与雄蜂交配后，非洲蜂王的成熟时间比欧洲蜂王要短，进而消灭所有的竞争者。一般意大利蜂喜温和，就算真的生起气来，也只是三四十只攻击过来，而杀人蜂会有三分之一巢至半巢进行攻击，起码有三四千只以上，并且它们最爱蜇黑色的地方。

意大利蜂怕蜂螨，受蜂螨危害严重的蜂群，会在蜂箱前见到许多蜂体变形的幼蜂，翅不能伸展或有残缺，工蜂体型变小。而杀人蜂对蜂螨有抵抗性，不畏蜂螨。

轻松一刻

蜂王的秘诀

有趣的是，蜂王会分泌出一种叫弗罗蒙的物质，群蜂一闻到这种气味，顿时变得温顺起来，就会停止战斗。现在，这种物质已经能够人工合成了。泰勒将弗罗蒙物质和一只蜂王放到自己下颌的长胡子上，手捧着蜂箱，杀人蜂爬满了他的脸庞，也都乖乖地不再刺蜇人了。

点　击

防治杀人蜂暂时的对策

1. 将所有由人饲养的蜂王都用油漆标记，一年一种色，可以将上一年的老蜂淘汰，有来历不明的没有油漆标记的蜂王也淘汰，换上新的温和的意大利蜂王。

2. 非洲化蜜蜂的特性由雄蜂所遗传，在蜂场中多养点意大利雄蜂，防止蜜蜂非洲化。

3. 巴西的杀人蜂太多，就只好接受它，因为它产蜂蜜的能力很强，很努力工作。蜂农采蜜时小心行事，两个人一起工作，必要时可以加以照应。

链接——生物入侵

◆疯狂生长的水葫芦是我国一种外来入侵品种

生物入侵是指某种生物从外地自然传入或人为引种后成为野生状态，并对本地生态系统造成一定危害的现象。这些生物被称做外来物种。外来物种是指那些出现在其过去或现在的自然分布范围及扩散潜力以外的物种、亚种或以下的分类单元，包括其所有可能存活、继而繁殖的部分、配子或繁殖体。外来入侵物种具有生态适应能力强，繁殖能力强，传播能力强的特点；被入侵的生态系统具有足够的可利用资源，缺乏自然控制机制，人类介入的频率高等特点。外来物种的“外来”是以生态系统来定义的。

生物入侵导致的恶果主要有以下几点：第一，外来物种入侵会严重破坏生物多样性，并会加速物种的灭绝。生物的多样性是包括所有的动物、植物、微生物和它们的遗传信息以及生物体与生存环境集合形成的不同等级的复杂系统。第二，虽然一个国家或地区的生物多样性是大自然所赋予的，但任何一个国家无不是投入大量的人力、物力用来尽力保护本国生物的多样性。而外生物入侵却是威胁本地生物多样性的头号敌人，入侵物种被引入异地后，由于其新生环境缺乏制约其繁殖的自然天敌及其他的制约因素，后果便是迅速蔓延，大量扩张，成为优势种群，并与当地物种竞争有限的食物和空间等资源，直接导致当地物种退化，甚至灭绝。

大量外来物种的引进给社会经济及生态环境带来了巨大的负面影响，随着各国不断完善现行的法律应对机制，也随着国际合作的不断深入，防治生物入侵的工作必将取得更大的成效，尽管这一工作仍任重道远。

冷血杀手——濒临灭绝的科莫多巨蜥

◆科莫多巨蜥

科莫多巨蜥属于蜥蜴亚目巨蜥科，是现存蜥蜴种类中最大的蜥蜴。科莫多巨蜥栖息于爪哇岛周围的丛林中，但已濒于绝种，现已被列为重点保护对象。它的体长可达 3 米，重约 135 千克，寿命约 100 年。科莫多巨蜥能挖 9 米深的洞，将卵生至其中，至四五月份孵出小蜥蜴，幼体在树上生活。科莫多巨蜥是冷血的杀手，也是忠实的食肉动物，以至于成体吃同类的幼体，甚至有时吃其他的成体。科莫多巨蜥运动迅速，偶尔攻击人类，但主要以腐肉为食。它们每天出洞走到几公里以外的地方觅食。虽然它们不会喷火，但是它们依旧被认为是科莫多的龙，所以它们也叫科莫多龙。

科莫多巨蜥如何猎食，生活习性如何，又是如何被发现的，本节将为您一一解答。

下颚分泌剧毒毒液最具杀伤力

◆科莫多巨蜥分泌的毒液杀伤力大

科莫多巨蜥是个十足的丑陋肮脏的家伙，而且它的唾液中有许多细菌，并且从来不清洗口腔，因此人们大多认为被它咬过的动物会在三天之内因身体受细菌感染而死亡。不过，澳大利亚墨尔本大学布莱恩一弗莱教授带领的研究团队发现，科莫多巨蜥不仅唾液中含有大量细菌，而且其下颚发达的腺体能分泌致命的毒液，这才是科莫多巨蜥拥有巨大杀伤力的秘密所在。

研究小组对新加坡一动物园的一只高龄科莫多巨蜥的毒腺体进行了摘除，通过基因和化学分析，进一步证实了他们的研究结果。他们分析发现了很多种剧毒成分，包括扩张血管、阻止血液凝固的成分。实验发现，这些液体注射进哺乳动物的体内后，会使血压迅速降低，导致昏迷。弗莱说：“它们发动致命的攻击，不是唾液中的细菌而是毒液杀死了猎物。毒液能迅速降低猎物的血压，阻止凝血。猎物甚至来不及挣扎就昏倒了。”

生活习性

◆科莫多巨蜥的舌头上有灵敏的嗅觉器官

科莫多巨蜥通常生活在岩石或树根间的洞中。早晨，它们出洞觅食。它们各个暴脾气，只有凶猛的咸水鳄有捕食过它们的记录。科莫多巨蜥的舌头上有敏感的嗅觉器官，所以它们在寻找食物的时候总是不停地摇头晃脑、伸吐舌头，凭借灵敏的嗅觉器官，它能闻到 1000 米以内的腐肉气味。通常情况下，科莫多巨蜥会找寻那些已死的动物腐肉为食，但成体也吃同类幼体，有时也捕杀猪、羊、鹿等动物，偶尔也会攻击人类。

◆科莫多巨蜥进食

每天早上，科莫多巨蜥爬出洞穴，先躺在岩石上吸收阳光的热量，直到太阳晒暖了身体后才去捕食。科莫多巨蜥一般会在动物经过的路旁伏击猎物。当猎物临近时，它会迅速扑上去，先以暴力将猎物打倒在地，或咬断猎物的后腿，等到猎物无法移动后，就用利齿咬开猎

物的喉部或腹部，猎物会因大出血而丧命。之后，巨蜥便用锯齿状的利齿和强有力的脚爪把猎物撕成碎片，并迅速吞下大块大块的肉。科学家曾亲眼目睹一条体重不过 50 千克的雌蜥，竟在 17 分钟内吃完了一头 30 多千克的野猪。巨蜥的胃就像个橡胶皮囊，很容易胀大。成年巨蜥一餐就能吃下接近体重 80%的食物，所以，巨蜥在餐前餐后体重相差甚大。一旦一只巨蜥捕获到猎物，猎物的香味就会吸引四处觅食的巨蜥，它们纷纷前来分享美餐。它们分餐也懂得规矩，雄性优先，顺从者或者“亲朋好友”其次，陌生的食客通常被安排在最后用餐。

小知识

科莫多龙（巨蜥）的数量

过去，人们为得到科莫多龙的皮而将其捕杀，或是将它抓到动物园去展览。现在，科莫多龙只剩下不超过 2000 只，是世界上最珍贵的动物之一，在科莫多岛上的国家公园里，它们被保护起来。

小贴士——巨蜥吃人的记载

根据目前官方数据，历史上只有 15 个人被巨蜥吃掉。这种动物，在当地跟人类能和睦相处，不会轻易攻击人类，除非对巨蜥施以挑逗、坐骑、拍照等强烈的刺激。被咬伤、咬死的，以外地人居多。

科莫多巨蜥被发现的过程

很久以前，科莫多岛常年无人问津。后来，松巴哇苏丹开始把罪犯流放到岛上服刑。他们传出可怖的消息：岛上有巨型蜥蜴。不过起初一直没人相信。1911 年，一位美国飞行员驾驶一架小型飞机低空飞过科莫多岛上空时，无意中发现了“怪兽”。直到 1912 年，第一份有关科莫多巨蜥的学术报告才发表出来。三年后，印尼政府把这种地球上其他任何地方都找不到的珍奇动物视为国宝严格地保护起来。1926 年，美国人伯尔登拍摄了大量关于科莫多岛屿的自然风光及巨蜥的镜头，1931 年制作了影片

《KINGKONG》，科莫多巨蜥开始被世人所认识。1990 年，印尼政府建立了科莫多国家公园，并正式向游客开放，至此，科莫多巨蜥才揭下它神秘的面纱。

知识大讲堂——眼镜王蛇 VS 科莫多巨蜥，谁是赢家？

◆科莫多巨蜥

◆眼镜王蛇

眼镜王蛇生活在印度丛林，体长 4～6 米，拥有世界上较毒的毒液之一。只要被眼镜王蛇“吻”上一口，如果在半个小时内没有有效治疗，人就会死去。眼镜王蛇专吃别的毒蛇，它体内有能免疫各种毒蛇毒素的物质，并且它们自身的毒素能杀伤几乎目前已知的所有毒蛇。

科莫多巨蜥生活在印度尼西亚的科莫多岛上。科莫多巨蜥巨大的身体好似巨蜥中的“战斗机”，像鳄鱼一样的可怕。科莫多巨蜥经常吃腐烂的食物，经过长期的细菌滋生，加上自身的毒液，它拥有致命的咬杀能力。

眼镜王蛇和科莫多巨蜥是世界上最毒的两种动物，如果它们 PK，大家说说谁会取胜呢？

历史上这两种动物没有对战过！但可作如下分析：

如果同等成年雄性的科莫多巨蜥 PK 眼镜王蛇的话，那么眼镜王蛇会将身体直立起来，大约有 1～1.5 米高，能恐吓对方，还能不断地喷射毒液。但是科莫多巨蜥对这种毒液是否有免疫作用，目前还未知。因为巨蜥的皮肤坚厚，即使没有免疫，巨蜥被毒液喷

溅后影响也不大。此时巨蜥发动攻击，啮咬眼镜王蛇的尾部或身体。眼镜王蛇扭曲挣扎、反抗，一口咬在巨蜥身上，并且缠绕它。最后的结果是，如过眼镜王蛇的毒牙能刺穿巨蜥装甲车般的皮肤，巨蜥必然死亡。可是如果不能的话，眼镜王蛇会被巨蜥咬死。因为科莫多巨蜥的唾液里不仅仅有毒液，还有致命的肉毒杆菌等恐怖的细菌，使眼镜王蛇不因中毒而死也会因感染致病细菌而死。科莫多巨蜥会把眼镜王蛇当做食物吃掉。但是眼镜王蛇就算咬死巨蜥，也不会吃下去，因为它只吃蛇类。

印度丛林中的眼镜王蛇是昔日的神灵，但是由于人类的捕杀和环境被破坏，眼镜王蛇的种群已经日渐稀少。恐怕以后大家很难见到纯正的野生眼镜王蛇了。目前科莫多巨蜥生活的岛屿上最多有一些小型毒蛇，这些都是它们的食物，它们还没有碰到眼镜王蛇这样凶悍的巨无霸，所以如果有一天狭路相逢，估计是一番刀光剑影。

兵来将挡——抗毒的动物

俗话说，一物降一物，地球上很多有毒的动物看似逍遥法外，无人能敌，但是强中自有强中手，大自然又孕育了一批毒物的克星。本节我们就来看看这些抗毒的动物是怎样使出它们的看家本领的。

毒蛇的克星——獴

◆细尾獴

刺猬、野猪、黄鼠狼等动物也不怕蛇毒，也能将毒蛇吃掉。

一谈毒蛇，人们都感到害怕，特别是眼镜蛇，更是令人不寒而栗。眼镜蛇拥有带钩的毒牙，能分泌神经性毒液和血液毒素的混合毒，这种毒的毒性非常大。如果把它惹恼，它前半身就会竖立起来，颈部胀大，发出“呼呼”的响声，真是凶恶至极。可是一见了蛇獴，它就会颤颤发抖，缩为一团，活像老鼠见了猫。蛇獴又叫獴哥，它头小，嘴尖，尾长，全身长 75 厘米左右，而尾巴就占了全身长的一半，比起眼镜蛇来它小得多。

蛇獴这么小，怎么竟敢在眼镜蛇这个太岁的头上动土呢？原来蛇獴是一种免毒性动物，眼镜蛇的毒性再大，对它一点作用也不起。

有人做过实验：把蛇獴和眼镜蛇放在一起，开始时蛇獴全身的毛会竖起来，眼镜蛇盯着蛇獴不敢乱动。蛇獴见蛇伏着不动，便向前去逗弄它。

眼镜蛇被激怒了，前半身竖了起来，颈部开始膨胀，发出“呼呼”的声音，一次一次地把头扑向蛇獴，想咬住蛇獴。蛇獴动作灵活，躲得很快，眼镜蛇总是咬不住它。等到眼镜蛇筋疲力尽时，蛇獴才摸到它的身后，出其不意地一口咬住它的脖颈，将它咬死，吃了它的肉。

蛇獴活在这世界上好像是专门与毒蛇作对的，甚至有时蛇獴吃饱了，但遇到毒蛇还是要把它咬死，好像猫见了老鼠那样毫不留情。

蜘蛛的天敌

蜘蛛长相狰狞，而且有剧毒，一般没人敢接近它。然而，制服蜘蛛的动物可不少，它们各有办法。

◆蜘蛛的天敌——蜂鸟

黄蜂通过刺蜇蜘蛛，使它们身体麻痹，然后将卵产入其体内，有的寄生蜂寄生于蜘蛛卵内，有的寄生蝇的幼虫在蜘蛛卵袋内发育，小头蚊虻类昆虫几乎全部都是以幼虫的形式寄生在蜘蛛体内的。

蜂鸟（以及其他的鸟类）利用蜘蛛网来串联树叶、苔藓、地衣以及花瓣成鸟巢。在南美洲的一些普通蜂鸟用蜘蛛喂养幼鸟。

浣熊以及灵长类动物也是捕杀蜘蛛的能手。它们会把蜘蛛在地上来回翻滚，灵巧地躲过蜘蛛的毒针，不一会儿，蜘蛛就动弹不得了，它就大口大口地享受蜘蛛美餐了。

蟾蜍、蛙、蜥蜴、蜈蚣、蝎子等都能捕捉蜘蛛。

捕杀蝎子和蜈蚣的能手

鸟类天生是蜈蚣和蝎子的克星。《西游记》中的蝎子精和蜈蚣精都是一位叫“昴日星官”的神仙制服的，它就是只大公鸡。鸡敏锐的视力和锐利迅速的喙是天生的精良武器，轻而易举就将蜈蚣、蝎子擒住了。

壁虎动作迅捷、善于钻隙，不易被发觉，且自身抗毒，不惧蝎子的螯刺，通常以幼蝎为食。

蚂蚁不仅抢食蝎子的食物，而且会群集攻击、蚕食蝎子，尤其对幼蝎和正在蜕皮以及刚蜕皮未恢复活动能力的蝎子危害较大。蚂蚁也会群起攻击蜈蚣。

嗜血之王

——传播疾病的吸血动物

吸血动物给人的感觉用两个词可以形容：恐怖、贪婪。人们对这类动物是既恨之入骨，又畏惧三分。这类动物用来吸血的牙齿和口器令人心惊胆寒，而它们以其他动物的鲜血为食，填饱了自己的肚子却给其他动物带来无穷的烦恼，这种生存的品行实在令人厌恶。更让人毛骨悚然的是，它们还是传播各种疾病的祸根。蚊子身上有众多病菌，可怕的疟疾就是它们传播的；吸血蝙蝠携带的狂犬病毒能置人于死地……

这些嗜血狂是陆地上的危险分子，同时又很神秘，本篇就带你进入“血腥”的世界，深入了解它们，避免它们带来的危险。

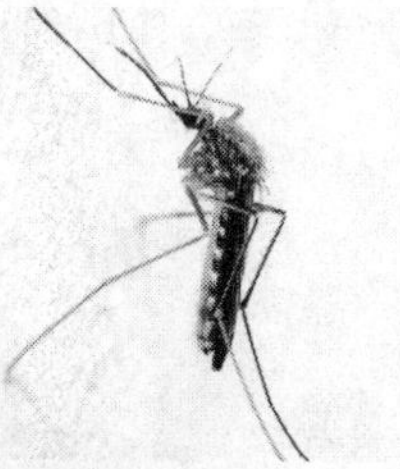

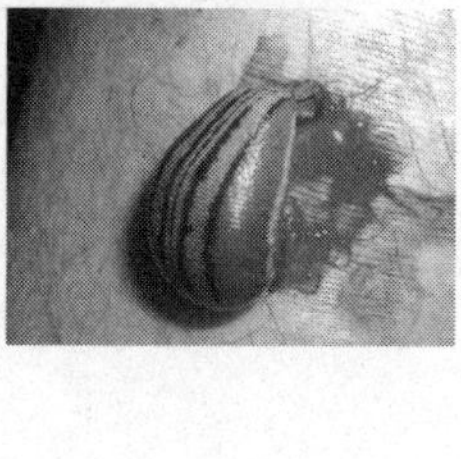

神秘的幽灵——吸血蝙蝠

◆狰狞的吸血蝙蝠

世界上有许多关于吸血鬼的传说，在美洲有一些以吸血为生的蝙蝠使这个传说成为事实。当地曾流传着一种迷信的说法，认为吸血蝙蝠都是无恶不作的巫婆，在夜里脱了皮，变成一个火球，躲在僻静的角落里，一有机会就飞到人和动物身上去吸血，真可谓是残忍的“吸血鬼”！而且它们又常居住在阴暗的山洞中，往往在夜间行动，这使它们变得更神秘了。

这些黑暗中的“幽灵”是怎样吸血的呢？除了吸血，它们还有哪些危险的地方呢？本节带你来揭秘“吸血鬼”的秘密。

吸血蝙蝠不同于其他蝙蝠

> 吸血蝙蝠的寿命较长，平均寿命为12年，它一生所吸的血竟有100升之多。
>
> 寿命最长的一只雌性吸血蝙蝠曾在笼中生活了19年半才死亡。

吸血蝙蝠的身体都很小，最大的身长也不超过 9 厘米。它没有外露的尾巴，毛色主要为暗棕色。它们的相貌非常丑陋：鼻部有一片顶端呈“U”字形沟的肉垫；耳朵为尖尖的三角形；吻部很短小，形若圆锥；犬齿长而尖利，上门齿很发达，近似三角形，锐利如刀，可以用来刺穿动物的突出部位而饱食。由于吸血蝙蝠长期吸食流质的血液，食道进化得短而细，并且胃也是狭长的。

吸血蝙蝠的前后肢和指尖都有宽大的翼膜相连，形成了一对强有力的翅膀，使它们能够飞行；后肢之间还生有蹼。

吸血蝙蝠的眼睛比其他蝙蝠的眼睛要大，但是在漆黑的山洞里却没什么作用。吸血蝙蝠的嗅觉和听觉很灵敏，和其他蝙蝠一样具有“回声探测器”的作用。吸血蝙蝠发出的高频率声波超出人类的听觉能力 8 倍。也就是说，只有当这些声音被放慢到原速的 1/8 时，人类才能听到。与其他蝙蝠一样，吸血蝙蝠有尖钩般的利爪，可以紧紧攀附在岩石裂缝上，或粗糙的边际。虽然大多数蝙蝠在地上寸步难行，但是吸血蝙蝠有细长的腿和前臂，这使它们能够毫不费力地在地上行动。休息的时候，吸血蝙蝠通常只用一条腿将身体吊在空中。吸血蝙蝠白天隐居在洞中，午夜前飞出山洞，常在距地面 1 米左右的低空飞行搜寻食物。

链接——吸血蝙蝠的奔跑能力

◆飞行的吸血蝙蝠

吸血蝙蝠依靠进化而获得了一项其他蝙蝠都没有的技能，凭借着这项技能，它可以偷偷逼近猎物，这项技能就是在地上奔走。吸血蝙蝠是非常优秀的“赛跑健将”，奔跑能力令人惊讶。

长期以来，吸血蝙蝠一直都是科学家密切关注的物种之一。蝙蝠是唯一能在天上飞行的哺乳类动物，经过了数千年的进化，蝙蝠几乎已丧失了在地面上行走的能力，但吸血蝙蝠却是个例外。吸血蝙蝠会从地上跳到目标动物的背上，吸食它们的血液。其他种类的蝙蝠只能在地面上拖着笨拙的身体缓缓爬行，但吸血蝙蝠却能自由地在地面上跳“霹雳舞”，它们不仅可以前行、斜行、倒行，还能跳跃呢。

虽然吸血蝙蝠已被证明的确拥有奔跑能力，但人们很少在自然界中看到它们奔跑的场景。为什么呢？科学家解释说，在中南美洲有大量成群结队的大型动物，吸血蝙蝠不缺乏食物，它们想美餐一顿并不需要跑着去抢。

嗜血全过程

对一般人来说，吸血蝙蝠是令人厌恶的，甚至是肮脏的。但实际上它们是比较干净、爱整洁的动物，大部分时间都用来认真地梳理打扮，经常用利爪把身体上纤细柔软的毛梳理整齐。

吸血蝙蝠是一种生存方式很特别的小型蝙蝠，它不吃昆虫和果实，而专爱吸哺乳动物和鸟类的血液。它通常的食物是家畜的新鲜血液，有时也吸食人的血。它总是小心翼翼地飞到目标动物的跟前，先在上空盘旋，观察寻找下手的机会。它们往往会寻找熟睡的目标，飞落在目标的身旁，然后再悄悄地爬过去，爬到受害者的身上，这样不容易被发觉。有时它们也会直接飞落到袭击对象的身上。它们一般选择动物的裸区或毛、羽稀疏的部位，如肛门、外阴附近、鸡冠和垂肉等裸露部分，耳朵和颈部以及脚它们也常光顾。当选中了合适的地方后，吸血蝙蝠便迅速地用尖锐的牙齿轻轻地将对方皮肤割破一道浅小的口，然后立刻缩回来，试探一下对方是否已经熟睡，会不会有反应。一般受害者不会感到疼痛，通常不会被惊醒，仍然保持安静睡着的状态。吸血蝙蝠在吸血时一般每秒吸5次，对于不同的取食对象会选择不同的吸血部位。例如对牛和马，专咬背部和身体侧部；遇到猪，专叮腹部；如果是鸟类，则咬腿部。有人曾目击一只吸血蝙蝠用翼钩攀一只雄鸡的腿，自己的后腿也站在地上，雄鸡走时它也跟着走，边走边吸食雄鸡的血。由于当地的农场主到夜晚通常把家畜拴起

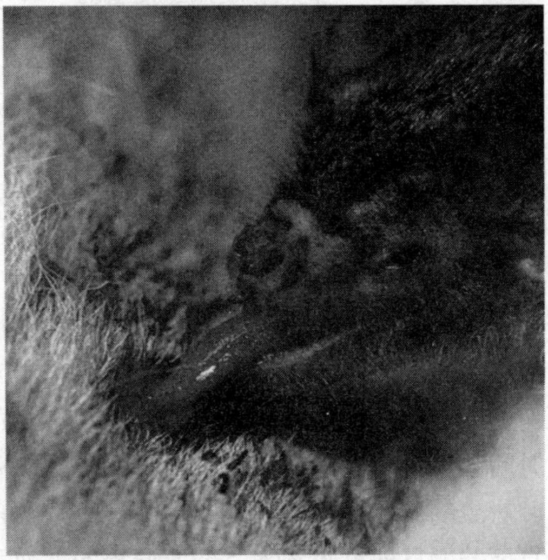

◆贪婪地吸血

来，以免走失，结果造成家畜特别容易遭到吸血蝙蝠进攻的结果。

知识库——吸血有方法

◆午夜幽灵

在下嘴之前，吸血蝙蝠常常在它选择的位置上待个几分钟，又闻又舔，再用尖而长的牙齿先把选择好的部位的毛咬掉。吸血蝙蝠从不深咬，也从不与受害者打斗。它们的唾液里含有一种独特的化学物质，能够防止凝血，使其能顺利地饱餐一番。由于被咬伤后血液很难凝固，有时血从伤口流出可长达 8 小时，动物如果多次被它们咬伤，也会因为失血过多而受到伤害。吸血蝙蝠的舌下和舌头两侧有一道沟，血流能沿沟通过。舌头可以伸出和慢慢地缩回，从而形成口腔内部分真空，有利于血流入口中。

吸血蝙蝠非常贪婪，吸血总是贪得无厌，每次把肚子撑饱大约须吸血 50 克，相当于自身体重的一半，有时甚至吸血多达 200 克，相当于体重的两倍，却照样能飞起来，不愧是地地道道的吸血鬼。吸血蝙蝠每次吸血的时间大约为 10 分钟，最长可达 40 分钟。吸血蝙蝠在一个夜里，能吸好几种对象的血，或者反复几次去吸同一对象的血。饱餐后，吸血蝙蝠便回到自己的栖息地。事实上，任何静止的温血动物都可能遭到它们的袭击，但是吸血蝙蝠很少去吸狗的血，因为狗能听到高频率的声音，能觉察到吸血蝙蝠靠近。有时吸血蝙蝠也咬熟睡的人，虽然伤口不会大，不过出血量可能很多，被咬后大片的血污令人吃惊。实际上，吸血蝙蝠带给被咬者的真正危险是疾病的传染。例如吸血蝙蝠在吸取马的血液时，能够传播锥虫病；在咬伤人和家畜时，最易传染致命的狂犬病。

小贴士——危险的传染媒介

蝙蝠是很多人畜共患疾病病原体的“天然宝库”或传染媒介，它能传染狂犬病、严重急性呼吸道症候群（非典型肺炎）、亨尼帕病毒以及埃博拉病毒等。

如果发现吸血蝙蝠出现在儿童、智障者、醉酒者、熟睡者或宠物的附近，那么这些人或宠物应立即接受医学检查，以防感染狂犬病毒。蝙蝠的牙齿尖小，熟睡者即使被咬，也丝毫感觉不到。

如果在房间内发现蝙蝠的踪影，同时不能排除我们暴露于蝙蝠面前的可能性的话，那么我们应将其隔离，同时通知卫生部门，以便对蝙蝠进行分析。如果发现蝙蝠已死亡，我们同样应采取上述措施。倘若确定无人暴露于蝙蝠面前，那么应迅速离开发现蝙蝠的屋子。此时最好的办法是关闭门窗，只留一扇，不久蝙蝠即会飞离。鉴于吸血蝙蝠有体内携带狂犬病毒的风险，以及与其排泄物相关的健康问题，我们应将吸血蝙蝠从住人的房子内驱赶出去。

疾病的温床——蚊子

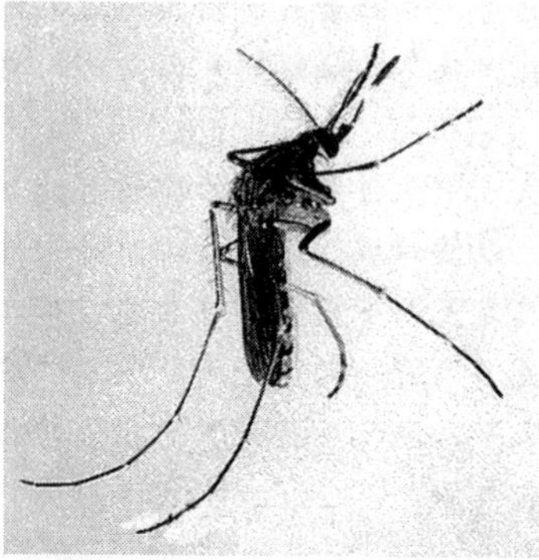
◆蚊子

在夏天闷热的晚上，一种很小的昆虫会经常和我们“亲密接触”，但它们可不大受欢迎，因为它们可不是向我们表示友好的，而是来吸我们的血的。这就是蚊子，一种令所有哺乳动物都讨厌的小昆虫。蚊子个子小，危害大，而它们的危害不只是吸血，更要命的是，它们其中有一种叫按蚊的，可以传播疟疾等致命的疾病，无数人死于它们的吻下。

按蚊随处可见，防不胜防，赶不尽杀不绝，人蚊之间的“战争”已经打响了很长时间了，但蚊子依然逍遥法外，可见它们的确是一种强悍而危险的动物。

小小的按蚊怎么会传播致命的疟疾呢？按蚊是怎样吸血的呢？别着急，我们一一来介绍。

狠毒的吸血狂

成年的蚊子为了生活和繁衍后代需要不断地从外界获取营养，它们的食物包括植物的汁液及脊椎动物的血液。绝大多数雌蚊都吸食动物的血液，而雄蚊一般不吸血，它们主要以花蜜或植物的汁液为食。

> 本节讲的蚊子主要是按蚊。此外还有伊蚊、库蚊等类型的蚊子。我国主要的蚊子有中华按蚊、微小按蚊、大劣按蚊等，它们都是疟疾的高效媒介。

蚊子寻找食物主要依靠灵敏的嗅觉，蚊子对哺乳动物身上的气味非常敏感，当闻到人和动物散发出的二氧化碳和其他气味（如汗液或分泌的挥发性化学物质乳酸）后，就会沿着气味的方向去寻找吸血的对象。蚊子的嗅觉器官是头上的一对角。别小看身长不过一厘米的小小蚊子，它的搜索能力相当强，搜索的最远距离可远达60公里。在此范围内，“信号”越强的目标，自然越容易被它们锁定。

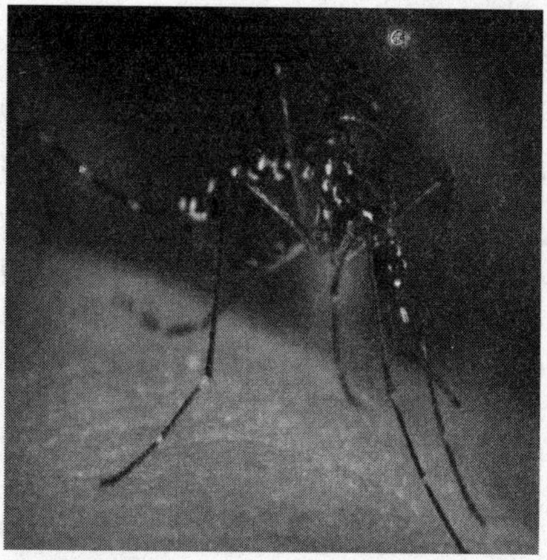
◆吸血的蚊子

当蚊子找到这样的人或其他动物后，便停站在一块适合的皮肤上，先用上下颚小心地切割皮肤，而下唇在皮肤处作弯曲状起辅助支持的作用，其尖端的唇瓣能起到稳定作用，然后就悠然自得地痛饮鲜血。蚊子上颚末端较宽似刀状，其内侧为细锯齿状，是蚊子吸血时首先用来切割皮肤的工具。下颚末端较窄为细刀状，其末端生有粗锯齿，是随着皮肤切开以后起锯刺皮肤的作用的。

蚊子的唾液中具有舒张血管和抗凝血作用的物质，它会使血液更容易汇流到被叮咬处。被蚊子叮咬后，被叮咬者的皮肤常出现包状物和发痒的症状。几乎每个人都有被蚊子“咬”的不愉快经历，事实上应该说是被蚊子“刺”到了。蚊子无法张口，所以不会在皮肤上撕咬一口，它其实是用针状的口器刺入人的皮肤的，这些短针就是蚊子摄食用的口器的中心。这些短针吸入血液的功用就如同抽血用的针一样。蚊子还会放出含有抗凝血剂的唾液来防止血液凝集，这样它就能够顺利地饱餐一顿。

知识大讲堂——蚊子爱叮哪些人

蚊子的头上和腿上长有触角和刚毛，起感觉作用。这些触角和刚毛对温度、湿度、汗液都很敏感，所以它们常爱叮出汗多而又不洗澡的人。儿童的皮肤鲜嫩，新陈代谢旺盛，皮肤上的毛孔挥发汗液速度快，常挨蚊子叮。还有，蚊子很喜欢弱光线，如果你穿一件黑色的衣服，正好适合蚊子的视觉习惯。但是，蚊子

对气流很敏感，夏天当你摇扇乘凉时，蚊子就难以接近你。

> 雌蚊必须吸血其卵巢才能发育，才能繁衍后代。有的蚊子偏嗜人血，有的蚊子则爱吸家畜的血，因此蚊子可传播人畜共患病。

另外，蚊子需要从人体内补充些胆固醇和维生素 B_2，能为蚊子带来丰富胆固醇和维生素的人通常最受蚊子青睐。蚊子利用气味从人群中找出最适合它们胃口的对象。胆固醇和维生素是蚊子等令人讨厌的昆虫生存所必需的两种营养物质，而它们自己又不能产生，所以，人们想躲也躲不掉啊。

可怕的致病者

> 值得庆幸的是，艾滋病、乙型肝炎等疾病主要通过血液传播。艾滋病病毒、乙肝病毒通过蚊子进行机械或生物传播的可能实际不存在。艾滋病病毒和乙肝病毒在蚊体内不增殖，且两三天内即消失。

人们对蚊子的骚扰和叮咬恨之入骨，更可气的是，蚊子的叮咬还会传播许多可怕的疾病，给人类带来深重的灾难。通过蚊子传播的疾病有：疟疾、丝虫病和多种病毒性疾病。

疟疾是由疟原虫经由蚊子叮咬传播的一种传染病。临床上以周期性定时发作的寒战、高热、出汗、退热，以及贫血和脾大为主要症状。

雌性蚊子叮咬疟疾患者后，雌、雄配子进入蚊子胃中，然后受精形成合子。合子再发育成囊合子，继而囊破裂逸出子孢子并进入蚊子的唾液腺内，当携带病毒的蚊子叮咬人时，子孢子便随唾液进入人体，这样，人就成了疟原虫的寄主，从而感染上疟疾。

疟疾是历史最长、流行最广、危害最大的人类寄生虫传染病，是发展中国家发病率和死亡率最高的病种之一。据统计，全球每年死于疟疾的人数超过 100 万，且过去 20 年来一直呈上升的趋势。

丝虫病在我国是由班氏丝虫及马来丝虫寄生于人体淋巴系统引起的慢性寄生虫病。患病早期主要出现淋巴管炎和淋巴结炎，晚期为淋巴管阻塞及产生系列症状。

通过蚊子传播的病毒性疾病还有：日本乙型脑炎、登革热病、黄热病等。

嗜血之王——传播疾病的吸血动物

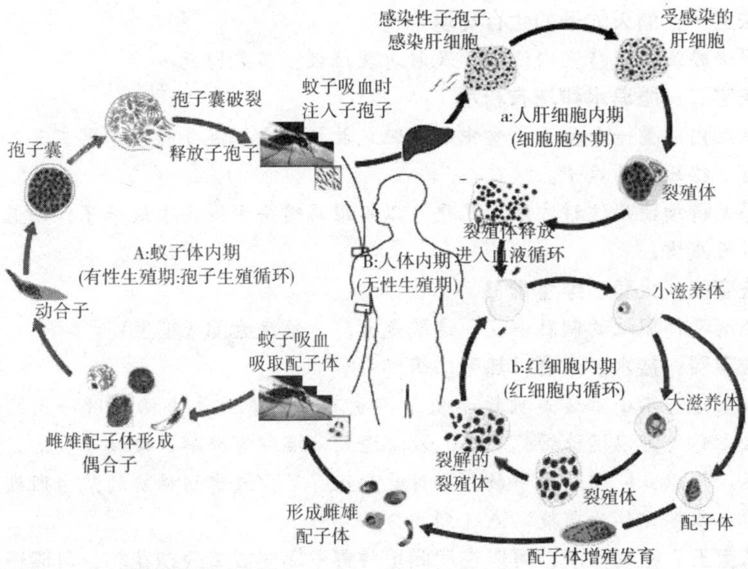

◆疟疾感染过程

小博士

被蚊子咬后为什么感到痒?

当蚊子吃饱喝足、飘然离去时，留下的就是一个痒痒的肿包。但是，痒的感觉并不是因为短针刺入或唾液里的化学物质而引起的。我们会觉得痒，是因为体内的免疫系统在这时会释出一种称为组织胺的蛋白质，用以对抗外来物质，而这个免疫反应引发了叮咬部位的过敏反应。当血液流向叮咬处以加速组织复原时，组织胺会造成叮咬处周围组织的肿胀，此种过敏反应的强度因人而异，有的人被蚊子咬后的过敏反应比较严重。

小贴士——驱蚊妙招

在我们了解了蚊子的生活习性之后，那么有什么对付蚊子的好方法呢？下面推荐给大家几个驱蚊法宝。

法宝一：消灭蚊子的生存环境

解决办法：保持室内清洁，及时清理垃圾，不要留死水。

法宝二：肥皂水和洗衣粉水

在屋内放置一个盆子，盆中加点肥皂丝与洗衣粉混合的水，第二天，水盆中就会有一些死去的蚊子。

每天持续使用这种方法，几乎可以不用再喷杀虫液去杀蚊子了。而且，蚊子也会慢慢减少。

法宝三：大蒜、维生素 B

还有两样驱蚊的制胜法宝，这就是大蒜、维生素 B（花生）。

法宝四：盐水、牙膏，热毛巾等

如果你一不小心还是被蚊子咬了，也不要急着用手去抓。用一点盐水或牙膏，涂在患处可以迅速帮你驱痒。蚊毒遇到高温即可降解，被蚊子咬后，蚊毒最惧高温，可以立即用热毛巾敷 5 分钟就能止痒了。或者用稍烫的热水瓶瓶塞，点敷小包，以不烫伤为前提，点 3 到 5 分钟即可。

法宝五：植物疗法，可以在房间里放置干橘皮或者玫瑰花等，可驱逐蚊虫或者用驱蚊草试试。

住宅内做到无蚊，创造一个绿色健康的空间，是人人都梦寐以求的，对过敏性体质、呼吸道疾病的人群，尤其对娇嫩的幼儿、孕妇极其重要。所以，要做到科学驱蚊，长期驱蚊。

黑色绞肉机——蚂蚁中的危险分子

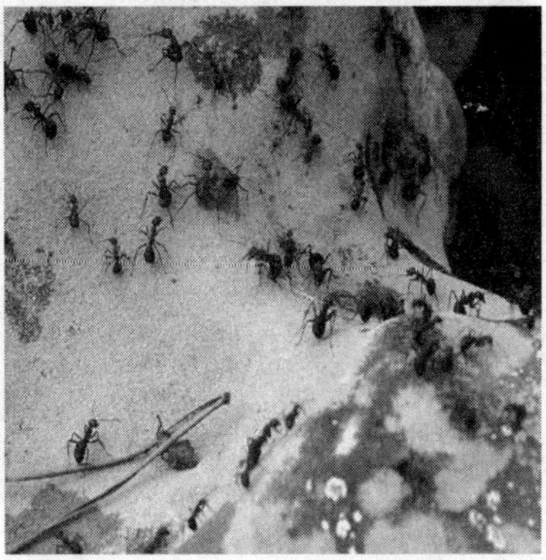

◆恐怖的食人蚁

你听说过食人蚁吗？它们发动进攻时往往黑压压的、漫山遍野地过来，所经之处寸草不生，一转眼就能把一个人或者一头牛这类的动物啃成白骨。真的有这种蚂蚁吗？

其实，小小的蚂蚁中的确有很凶猛的食肉蚂蚁，它们往往成群结队地攻击大型动物，它们有着如订书机般的牙齿，疯狂地吞噬着一切肉体。还有一些能咬坏家用电器或家具的蚂蚁，更有蚂蚁含有毒素。看来，这种微小得如黑点般的动物也是很危险的，它们讲求的也是群体作战。

那么，食人蚁到底是什么蚂蚁呢？哪些蚂蚁能咬坏电器呢？本节为你介绍蚂蚁中的危险分子。

食人的蚂蚁

食人蚁一般是指具有很强攻击性的食肉类蚂蚁，如猛蚁亚科。食人蚁食性极杂，从陆地上的各种动植物、到枯叶腐肉几乎无所不食。

食人蚁，又叫鶍蚁，最大的食人蚁能长到拳头大小，一般生长在南非的热带雨林。食人蚁亦指有很强攻击性的食肉蚂蚁。

在北非的尼罗河流域，生活

◆墨西哥行军蚁

着一种长1厘米左右的黑色蚂蚁，别看它们貌不惊人，却有着大胃口，无论多大个的人或兽，都在它们的猎食范围之内。这种蚂蚁因此被当地的人称为“食人蚁”。

当几只黑蚁发现了一头野牛的尸体后，巨大的蚁群就会从四面八方涌过来。几十分钟后当蚁群散去，你能看到的就只剩下一具惨白的骸骨了。而当狮子、老虎等大型食肉动物，甚至包括人类，一旦遭遇到这种蚁群，如果反应不及时，也同样会遭遇厄运。

小小黑蚁，之所以能在非洲大陆上肆行无忌，靠的就是“蚁多势众”。黑蚁的群体虽庞大，纪律却非常严明：进食时，当一只黑蚁咬到一口食物后就会快速离开把位置让给后来者；大队行军时，排头和断后的总是最强壮的黑蚁，对于老弱病残者总有两只以上黑蚁抬扶着前进；当“先锋部队”遇到危险或障碍时，它们会迅速地相互传递信息，而后立即掉头，几分钟就能够由排尾变排头从而迅速逃离危险。能够在复杂多变的非洲大陆上生存并壮大，黑蚁只能依靠集体的力量，它们的一生紧紧地依附在集体之上，直到生命的最后一刻。

知识窗

蚂蚁的信息素

蚂蚁在行进的过程中会分泌一种信息素，这种信息素会引导后面的蚂蚁走相同的路线。如果我们用手划过蚂蚁的行进队伍，干扰了蚂蚁的信息素，蚂蚁就会失去方向感，到处乱爬。

生活在亚马孙河流域的行军蚁也是一类凶猛的食肉蚁。行军蚁的捕猎能力令人吃惊，蟋蟀、蚱蜢等一些身体比它们大上百倍千倍的“大块头”，都能被行军蚁当做美餐。据当地人说，甚至一头猪或者豹子碰到行军蚁群，半天内也能被吃得只剩下骨头。当地人说，行军蚁之所以如此厉害，一是因为它们数量多，二是因为它们的唾液中有毒，猎物被它们咬伤后，很快就被麻醉而失去抵抗力。而且，行军蚁的移动速度相当快。所以说，当地人最怕的就是行军蚁了。

新视角——蚂蚁妙用

手术用蚁

南美圭亚那的印第安人用切叶蚁的兵蚁来完成外科缝合手术。他们先让这种蚁咬合伤口，再剪去蚁身，以蚁来代替猫肠线。此外，美国迈阿密大学正在研究利用玻利维亚蚂蚁的蚁毒制成药剂来治疗风湿性关节炎。据说有的地方还有用蚂蚁来诊断糖尿病的呢。

防洪用蚁

蚂蚁还可以预报洪水。亚马孙河洪水泛滥之前，蚂蚁会四处收集情报，经过集体讨论后作出决定，排成一字长蛇阵或方阵向安全地带转移。当地人据此得知洪水的淹没范围，因而得以及时搬迁。

编程用蚁

人们在研究蚂蚁活动时发现，蚂蚁个体之间在相互作用下会产生协调一致的行为，尽管这些作用也许很简单，仅仅是一只蚂蚁紧跟另一只蚂蚁留下的路线而已，但是它们合起来却可以解决很多棘手的问题，例如从通往一个食物源的无数条可能路径中找出最短的路径。从一群群居生物中产生出来这样一种集体行动被称为群集智能。最近越来越多的研究者正试图运用群集智能手段完成种种任务。蚂蚁的觅食方式引导人们找到了一种新的方法，从而为繁忙的通讯系统中的网络通讯重选路由，而获得最佳的程序。

有毒的蚂蚁

红火蚁原产于阿根廷，是美国著名的外来入侵物种之一，现已侵入我

◆有毒的红火蚁军团

国。红火蚁是一种危害性极大的蚂蚁。

红火蚁会入侵住房、学校、草坪等诸多地方，与人接触的机会很大，叮咬现象时有发生。其尾刺放出的毒液可引起过敏反应，甚至导致人死亡，火蚁的名称便是在描述被其叮咬后如火灼伤般的疼痛感，之后会出现如灼伤般的水泡。

若红火蚁的蚁巢受到外界干扰时，它们就会变得极具攻击性。成熟蚁巢的蚁数可达到 20 万至 50 万只，因此入侵者往往会遭受大量红火蚁的叮咬，大量酸性毒液会注入入侵者体内，除立即产生破坏性的伤害及剧痛外，毒液中的毒蛋白往往会使被攻击者产生过敏反应甚至有休克死亡的危险，若被叮后的脓包破掉，则常会引起细菌的二次感染。入侵红火蚁同时也啃咬损坏电线和电器，经常造成电路短路甚至引发小型火灾。

有一种巨型蚂蚁体长大约有 3 厘米，叫做子弹蚁，它们会分泌一种毒素，因而昆虫，甚至小型的蛙类都成为了它们捕食的对象。由于进食的习性等原因，这种生活在拉丁美洲森林中的蚂蚁总是单独觅食。它们的叮咬对人来说虽不致命，却能带来巨大的痛苦。据说，这种疼痛比被子弹击中还难忍，这是世界上已知最疼的叮咬。在施密特叮咬疼痛指数中，子弹蚁被这样描述："带给人一浪高过一浪的炙烤、抽搐和令人忘记一切的痛楚，这一煎熬可以持续 24 小时而不会有任何减弱。"

知识库

蚁酸

蚁酸又称做甲酸。蚂蚁的分泌物和蜜蜂的分泌液中含有蚁酸。当初人们蒸馏蚂蚁时制得蚁酸，故有此名。蚁酸无色而有刺激气味，且有腐蚀性，人类皮肤接触后会起泡红肿。由于蚁酸的结构特殊，它的一个氢原子和羧基直接相连。也可以看做是一个羟基甲醛，因此蚁酸同时具有酸和醛的性质。在化学工业中，蚁酸被用于橡胶、医药、染料、皮革类工业。

链接——施密特刺痛指数

施密特刺痛指数是由西南生物学研究所所长贾斯廷·施密特制作的，该指数图表把不同昆虫的致痛因素进行对比。他是如何知道这些昆虫刺痛的程度呢？为了制作这个指数表，他亲自尝试了各种毒虫的叮咬。施密特刺痛指数这样描述了子弹蚁的刺痛，“不掺杂任何成分的剧烈疼痛。就像赤脚走在火红的木炭上，而且还有3英寸长生锈的钉子扎入脚后跟里”。南美洲的一个本土部落（子弹蚁的产地）用子弹蚁对本部的年轻人进行严格考验——年轻人必须戴上装有数百只发怒的子弹蚁的手套。这些年轻人不仅每次要让子弹蚁叮咬10分钟，而且还要重复20次。但是对他们来说幸运的是，虽然这种昆虫叮咬后非常疼痛，但是它不会留下永久性损伤。

盘点——吸血动物有多少

吸血动物着实令人厌烦，它们损人利己，给很多动物带来了极大的痛苦，但是世界上会吸血的动物还真的不少，它们各个都有阴险的招数，令人们一想到它们，就毛骨悚然。

为了避免被它们“亲吻”一口，我们就要知道世界上哪些动物会吸血，从而远离它们。本节为你介绍几种嗜血之徒。

牛虻

◆牛虻

牛虻是一种常见的吸血昆虫。雌虫具有强大的螫刺能力，就连牛、马等厚皮动物亦容易受其侵害，包括人类在内都受其害。雌虻每次吸血数分钟，血液即能充满腹部。东北林区的牛虻，有时能飞快地袭击动物颈部露出部分，啄取大块皮肉后逃逸。据报道，被小型牛虻咬伤一次失血可达 40 毫克，大型的虻，如虻属、瘤虻属的某些种类则一次可致动物失血 200 毫克。曾有记载，一头家畜在一个夏天可失去 100 毫升的血。不仅如此，某些虻还能传播牛羊等家畜的炭疽病。我国西北的骆驼及南方的牛马的伊氏锥虫病就是由虻传播了病原虫所致。虻还会传播边虫病、土拉伦斯热等。因此，虻类是一种重要的畜牧业害虫。

跳蚤

跳蚤具有刺吸式的口器，雌雄均吸血，对于过敏性人群，被跳蚤咬后可能导致一些皮肤病发生尤其在夏天，有猫狗等宠物的家庭，如果宠物身体不干净就会滋生跳蚤等寄生虫，若人被咬后，易导致季节性湿疹。鼠疫杆菌是引起鼠疫的一种微小杆菌，这种菌能通过老鼠身上的鼠蚤传染给人类。跳蚤吸食鼠疫患者的血液后，胃中充满了鼠疫杆菌，食道被细菌阻塞，它们虽是鼠蚤，有时亦咬人，这种染菌的跳蚤再吸血时血液因食道被细菌阻塞而无法入胃，于是从口部回流到被咬人的身体里，鼠疫杆菌就在这时随同流入人体，使人染上鼠疫。跳蚤在吸食人血时还可能把粪便排到人的皮肤上，其中也含有大量的鼠疫杆菌。因为被咬部位发痒，搔痒时会将鼠疫细菌带入细微的伤口中，也能使人患上鼠疫。

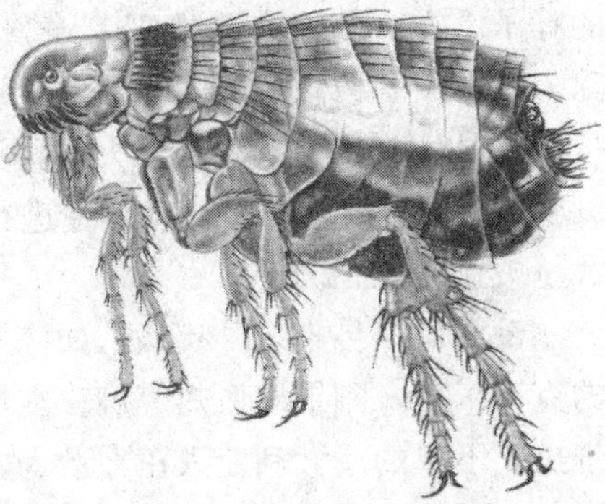

◆跳蚤

蜱

蜱，也叫壁虱，俗称草扒子、狗鳖、牛虱、草别子、草蜱虫、狗豆子、牛鳖子等。蜱一般蛰伏在浅山丘陵的草丛、植物中，或寄生于牲畜等动物的皮毛间。不吸血时，身体小得只有干瘪的绿豆般大小，甚至有细如米粒的；但吸饱血液后，就像饱满的黄豆般大小，更大的可达指甲盖大。因蜱虫叮咬而产生的无形体病属于传染病，人类对此病普遍易感，与危重

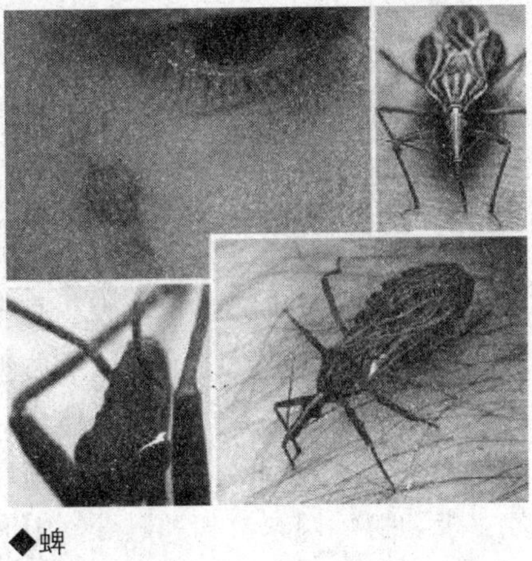

◆蜱

患者有密切接触、直接接触病人血液等体液的医务人员或陪护者，如不注意防护，亦可能感染此病。

该寄生虫极其喜欢毛发浓密的动物，尤其喜欢黄牛，经常可以在黄牛的脖子下方、四腿内侧发现其身影，多时会聚集成群，并且很不容易剔除。在四川、云南、贵州等地农村极为常见。

壁虱虽小，但其危害巨大。狗类和猫类身上寄宿的壁虱幼虫可能多达3万多只。如果它们同时对宿主进行叮咬吸血的话，可能会造成宿主迅速大量失血而死亡。

壁虱可以传染多种疾病，如洛基山斑疹热、莱姆关节炎以及令人恐惧的克里米亚—刚果出血热等病。在澳大利亚，有种被称为“麻痹壁虱”的蜱虫，不幸的澳大利亚人正在遭受它们的折磨，因为一旦被这种麻痹壁虱叮咬，可能会导致极其严重的过敏反应，表现为全身出现斑疹和麻痹现象。

血吸虫

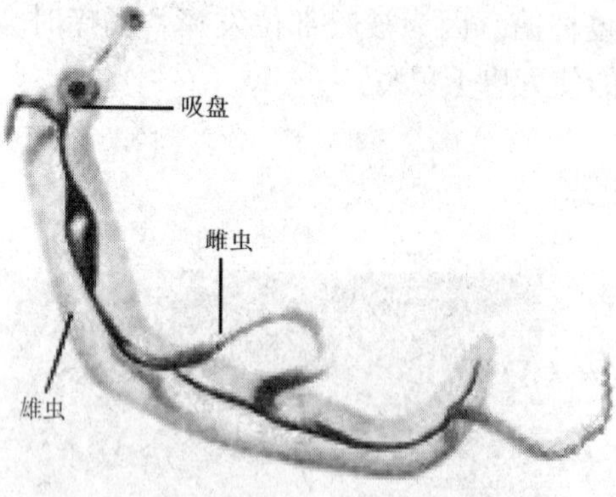

◆血吸虫

血吸虫通常寄生于多数脊椎动物的体内，寄生于人体的有6种：埃及裂体吸虫，即埃及血吸虫，生活在膀胱静脉中，主要分布于非洲、南欧和中东地区。卵穿过静脉壁进入膀胱，随尿排出。幼虫在中间宿主——螺类体内发育。成熟幼虫通过皮肤或口进入最终宿主——人体内。曼森氏裂体吸虫，即曼氏血吸虫，寄生在大、小肠静脉中，主要分布于非洲大部和南美洲北部。卵随粪便排出。与埃及血吸虫类似，幼虫进入中间宿主——螺体内，再通过皮肤回到终宿主人体内。日本裂体吸虫，即日本血吸虫，主要分布于中国大陆和台湾、日本、东印度群岛和菲律宾，除人外，还感染其他脊椎动物，如家畜和大鼠等。中间宿主为钉螺属软体动物。成虫寄生在肠系膜静脉中，有些卵随血流入各器官，引起各类症状，如肝肿大。严重时会造成宿主死亡。此外，还有间插血吸虫，湄公血吸虫和马来血吸虫，它们分别分布在中部非洲的10个国家、湄公河流域和马来西亚等地，致病危害性相对较轻。在非洲和东亚有数百万人得血吸虫病。

锥蝽

锥蝽又被称为“接吻虫”，这听起来十分浪漫的名字来源于它们的独特吸血方式。它们专门叮咬人的面部，喜欢寻找皮肤较薄的地方下口，如唇部、眼睑等。被它们咬后并无疼痛感，尽管它们的体型很大，一次吸血也很多。锥蝽也会传播南美锥虫病等疾病。

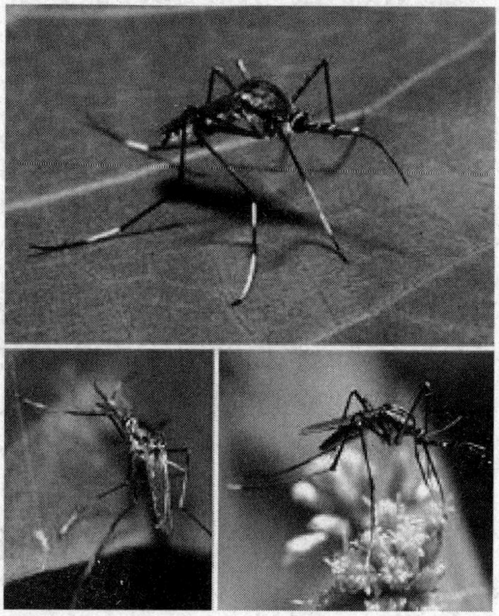
◆锥蝽

查尔斯·达尔文是较早研究并描述锥蝽吸血习惯的人。1835年，他途经阿根廷时，曾被锥蝽叮咬过。他在《小猎犬号航海记》中写道，“夜间，我遭受阿根廷彭巴斯草原上一种大黑虫的叮咬。一种无翼的昆虫在你身上爬，你总会感觉很不舒服。这种昆虫大约2.5厘米长”。

不过，锥蝽也有光彩的一面。伦敦动物园曾经利用它们来提取动物身上的血液样本。因为锥蝽唾液中有麻醉剂，就可保证取样过程不会对动物造成压力。

臭虫

臭虫也叫木虱，属于半翅目臭虫科昆虫，人类已知的有70多种，吸食人和温血动物的血液。臭虫的体型扁宽，长4到5毫米，多为红褐色，翅退

◆臭虫

化呈鳞状，身体尾部有臭腺，分泌物具有特殊的气味。雌虫每个繁殖季节能产卵 200 多个，一年可繁殖 3 代或 3 代以上。臭虫呈世界性广布，昼伏夜出，吸血后即蜗居不出，一次所吸的血需数天才能消化。成虫能耐饥一年之久。温带臭虫和热带臭虫吸食人的血，疏毛臭虫吸食蝙蝠血，燕臭虫属吸食燕的血，鸡臭虫吸食家禽的血，也会吸人、猪的血。

臭虫在我国古代又称床虱。臭虫有一对臭腺，能分泌一种特异的臭液，臭虫爬过的地方都会留下难闻的气味，故名臭虫。这种臭液有防御天敌和促进交配的作用。臭虫畏光，多在夜间活动。臭虫活动很敏捷且机警，在吸血时，若人体稍有移动，即暂停吸血，爬走而隐藏起来，臭虫每分钟能爬行 1 米多。臭虫喜欢群居，主要栖息在室内的床架、书架、帐顶四角、天花板、墙壁、桌、椅、被褥、草垫、床席等缝隙处和糊墙纸的后面。栖息处多带有许多褐色的粪迹。

吸血蛾

美国科学家已向外界宣布，他们在俄罗斯西伯利亚境内发现了一种新型蛾类，该蛾类以吸食人类以及动物牲畜的血液为生。目前科学家们已经将该种蛾类命名为“吸血蛾”。这种蛾子“装备”有渔线和鱼钩一般的舌头。经过研究发现，该蛾类目前竟然仍在不断演化，并且速度惊人。

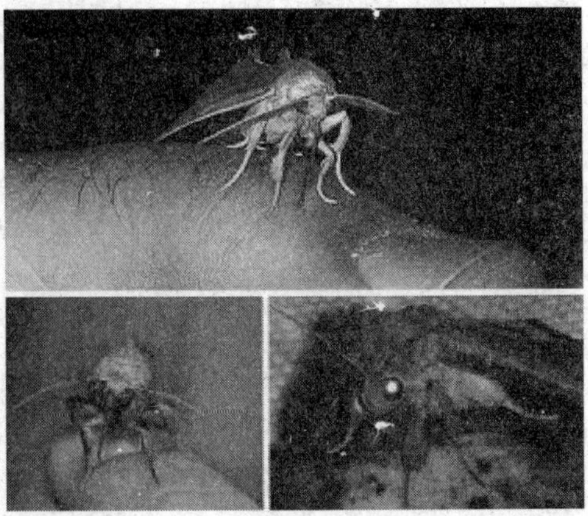

◆吸血蛾

美国佛罗里达州州立大学的

昆虫学教授加斯佩尔表示："这些吸血蛾在相当近的历史时期前还是通过吸取水果汁液来生存，但是现在就已经成为完全血食性生物，转变极为迅速。此外，以这样的速度发展下去，很难想象在一段时期之后，它会变成什么样子"。

吸血蛾一旦接触到例如人类手臂等部位后，它们就会用那像渔线和鱼钩一样的舌头开始贪婪地吮吸鲜血。吸血蛾不仅吸食动物的血液，在吸血过程中还会对受害者进行叮咬。研究认为，它们的这种吸血能力来源于其祖先吸食果汁的习惯，这种蛾类的祖先需先用尖利的长鼻子刺穿果皮，才能将口器伸进其中吸食果汁。与蚊子吸血的习性恰恰相反，吸血蛾是雄性吸血，雌性吸食植物汁液。

吸血雀

◆吸血雀

研究认为，吸血雀最初的进化源自于其与加拉帕哥斯群岛上其他海鸟的共生关系。吸血雀能帮助其他海鸟清理身上的寄生虫，从而填饱自己的肚子。这种拥有锋利喙部的鸟类在其他鸟类身上寻找寄生虫的过程中，难免会引起对方皮肤划伤而流血。吸血雀发现血液比虫子更美味，于是，它们最终进化成了这种吸血的习惯。

避免吸血动物

避免吸血动物的根本方法就是消灭它们。应保持室内与皮肤干净，衣物整洁，空气干燥，多晒被单、衣物，这些动物就不会靠近了。如果家庭有宠物的话，一定要把它们清洗干净，因为它们的身体是这些吸血动物的温床。

如果到水田或草丛中工作时，应尽量避免皮肤外露，穿些比较遮体的衣服。如果发现被吸血了，应保持伤口清洁，比如涂抹酒精等杀菌物质。如果这些动物体内含有致病病菌，应尽快到医院检查诊断。

锐目利爪

——猛禽部落

我们普遍认为，鸟类是种很温顺很美丽的动物，与人们能和睦相处，然而可不是所有的鸟都是那么温和的，鸟类中也有大型的食肉动物，那就是猛禽类动物。

猛禽家族各个都有敏锐的眼睛与尖利的脚爪，它们有的生活在茂密的树林里，有的翱翔在神圣的高原峡谷中，还有的游荡在广阔的草原上。它们是飞得最高的鸟类，也是最凶猛的鸟类，人们常用“战斗机”来比喻它们，可见它们有着非凡的能力，因而也就有着很大的危险性。猛禽类是地球上的霸主之一。

老鹰、老雕、秃鹫们是怎样从高空俯冲下来捕食地上的猎物的呢？它们的锐目利爪是怎样配合工作的呢？让我们翱翔高空，来了解猛禽的生活。

“黑鹰战机”——老鹰

◆老鹰

老鹰是猛禽的代表，是鸟类的“老大”。老鹰又叫鸢。老鹰和一般鸟类的不同在于，老鹰属于禽兽类，是食肉性动物，而我们所见的一般鸟类属于杂食类的动物。老鹰的成鸟身长56厘米左右、翼长417到465厘米左右、体重630到1030克左右，体型比一般的鸟宽大。老鹰有着一双犀利的眼睛和铜嘴钢爪，看上去威武强悍。同时，老鹰还有着滑翔的本领，它张开双翅，几乎不用摇摆就能急速前进，就像一架小型的飞机，因此，有的战斗机就是以“鹰”这个名字命名的。

往昔农业社会，老鹰在天空翱翔的景象司空见惯，民间也流传着不少有关老鹰的童谣。可见，老鹰在人们心目中还是有着非常高的地位的。

从高空中看地面

◆鹰有发达的视觉

老鹰不仅飞得高，而且还能从2到3千米的高空中准确地看到地面上奔跑的野兔和田鼠，甚至连地面上啄食的小鸟也会被发现，这些小动物只要被它看见就无法逃脱。老鹰有这么好的视力，主要是因为它的每只眼睛里面的视网膜上有2个中央凹，比人眼的中央凹还多出一个。其中一个专门看正前方，另一个专门看侧面，这样，它的眼睛能看到的范围就宽了很多。另外，老鹰眼中的每一个中央凹内看东西的细胞也比人眼的细胞多 6 到 7 倍，所以，老鹰的眼睛不仅比其他任何动物看得都远，也看得也十分清楚。

高超的飞行能力

◆鹰是飞行高手

鹰一般在白天活动，它经常单独在高空飞翔。鹰飞行快而灵活，能利用翅膀和尾羽来调节速度和改变方向，在林中或上或下、或高或低穿行于树丛间，并能加快飞行速度，在树林中追捕猎物，有时也会在林缘开阔地上空飞行或者沿直线滑翔，窥视地面动物的活动。鹰在滑翔时能非常熟练地利用上升热气流升入高空长时间盘旋翱翔，两翅平伸不动，尾亦散开，像舵一样不断摆动和变换形状以调节前进方向，两翅也不时抖动。通常呈圈状盘旋翱翔，边飞边鸣，鸣声尖锐，似吹哨一样，非常远就能听到。

鹰一旦发现森林中的野兔、鼠类、榛鸡、雉类、鸠鸽类和其他鸟类的猎物，就会迅速俯冲，呈直线追击，用利爪抓捕猎获物。鹰的速度快得惊人，它伸出爪子打击猎物时的速度约为每秒钟 22.5 米，所以鹰捕食的特点是猛、准、狠、快，具有较大的杀伤力。凡是遇到力所能及的动物，鹰都要猛扑上去，用一只脚上的利爪迅速刺穿其胸膛，再用另一只脚上的利爪将腹部剖开，首先吃掉鲜嫩的心、肝、肺等内脏部分，再将鲜血淋漓的尸体带回栖息的树上进行撕裂后啄食。

广角镜——鹰猎起源

驯养野鹰用于狩猎在苏东坡那个时代以前就已开始盛行了。我们的祖先非常早就发现鹰善于捕捉野鸡、野兔和野鸭等，于是他们开始探索驯鹰狩猎的方法。

历史上，用鹰狩猎被称之为鹰猎。司马迁在《史记》中曾记载，秦朝宰相李斯被处死前仍想着“牵黄犬，臂苍鹰，出上蔡东门”的生活。可见，当时鹰猎已经是贵族的主要游乐活动之一。据考证，鹰猎最早起源于东方，公元前 721—705 年亚述（美索不达米亚北部的王国，在今伊拉克北部）国王萨尔贡二世在位时便已经有鹰猎活动。后来，西方的商人、冒险家以及东征的十字军士兵在东方学会了鹰猎术，并将其传入欧洲大陆。起先，鹰猎是特权阶级专有的消遣活动，到 17 世纪时，鹰猎才在大众中普及。

农田卫士——红脚隼

红脚隼属于鸟纲、隼形目、隼科，又名青燕子、黑花鹞。在中国主要分布在东北、华北地区以及甘肃、陕西等省，它们冬季会迁飞至长江以南地区越冬。红脚隼属于国家二级重点保护动物。红脚隼主要以农田害虫为食，在消灭害虫方面功绩卓著。

形态特征

◆红脚隼

红脚隼体长约 27 厘米。雄鸟通体几乎全为接近石板灰的颜色，下体颜色稍淡。尾下覆羽和腿部覆羽均为棕红色。雌鸟上体与雄鸟相似，但色泽较淡并掺杂有棕色。胸部布满黑褐色纵形条纹，至腹部渐渐变为点斑。尾下覆羽和腿部覆羽为纯棕黄色。

农田守护者

红脚隼主要栖息地是低山疏林、林缘、山脚平原、丘陵地区的沼泽、草地、河流、山谷和农田耕地等开阔地区，它们尤其喜欢具有稀疏树木的平原、低山和丘陵地区。红脚隼大多数时候在白天单独活动，飞翔时两翅快速扇动，间或滑翔，也能通过两翅的快速扇动在空中作短暂的停留。红脚隼主要以蝗虫、蚱蜢、蝼蛄、金龟子、蟋蟀、叩头虫等昆虫为食，有时也会捕食小型鸟类、蜥蜴、石龙子、蛙、鼠类等小型脊椎动物，其中害虫占其食物的 90%以上，在消灭害虫方面它们功绩卓著。

小贴士——红脚隼的繁殖

红脚隼每年5—7月份进行繁殖，它们经常强占喜鹊的巢。我国古代《诗经》中有“维鹊有巢，维鸠居之”的诗句，这种“鹊巢鸠占”的现象中所指的“鸠”就是红脚隼。有时它们也自己营巢，通常营巢于疏林中高大乔木的顶枝上。巢的形状接近球形，有顶盖，侧面留有两个出口，也有的巢不呈球形。巢距地面的高度一般为6～20米，主要由落叶松、柞树、刺槐等树木的干树枝构成。红脚隼每窝产卵4～5枚，但以4枚居多。卵呈椭圆形，白色，密布着红褐色斑点，看起来像红褐色。孵卵由亲鸟轮流进行，孵化期大约为22～23天，孵出后由亲鸟共同抚养，大约在27～30天后离巢。

鱼的克星——鹗

◆鹗

鹗是隼形目鹗科鹗属鸟类动物，是该属中仅有的一种鸟，又名鱼鹰。除了南美洲和南极洲外，鹗分布在全世界。鹗的雄鸟和雌鸟相似，体长约 65 厘米。头顶和颈后羽毛呈白色，有暗褐色纵纹，头后羽延长成为矛状。上体和两翅的表面均为暗褐色，各羽都具有棕色狭端，尾羽呈淡褐色。下体除胸部有棕褐色斑纹外其余均为白色。幼鸟的头顶羽色较暗，下体余部有明显的白色羽缘。鹗的脚趾均有锐爪，并且趾底布满齿，外趾能前后反转，非常适于捕鱼。本节我们将一起走近鹗的世界。

捕鱼高手

◆鹗

鹗一般栖息于湖泊、河流、海岸等地，尤其喜欢山地森林中的河谷或有树木的水域地带，冬季也常常到开阔无林地区的河流、水库、水塘地区活动。鹗常单独或成对活动，迁徙期间也常聚集成 3～5 只的小群，多在水面缓慢的低空飞行，有时也在高空翱翔和盘旋。停息时多在水域的岸边枯树上或者电线杆上。鹗性情机警，叫声响亮。

鹗主要是以鱼类为食，有时也捕食蛙、蜥蜴、小型鸟类等其他小型动物。鹗的外侧脚趾能向后反转，使四趾变成两前两后，加上脚下的粗糙突起，能像钳子一样牢牢地抓住黏滑的鱼的身体，然后迅速飞到水域附近的

树上或岸边岩石上用利嘴将鱼撕裂后吞食。它平时常在水面上空缓慢扇动两翅成圆圈状飞行，两眼注视水中的鱼类，在距离水面30～90米之间时，迅速地振动双翅，迎风悬停在空中，以便仔细观察水中猎物的情况。发现猎物时，则两翅折合，急速降落到水面，伸出两只长脚将鱼迅速抓起，一边溅起高高的水花，一边用双脚提着“战利品”腾空飞起，并且在空中抖落着身上的水珠，如同一个精神抖擞的渔夫。有时鱼见到天空中有黑影落下，会本能地向深水中逃走，鹗就会立即潜入水中进行捕猎，直到一米以下，水面上常常只留一个翼尖。

知识窗

“鹗顾”和“鹗荐”

我国古人对于神态威猛、目光锐利的鹗极为推崇，将目四顾形容为“鹗视”或者“鹗顾”，把推荐贤人称为“鹗荐”，汉朝末年的著名文学家孔融写的《荐祢衡表》中还用“鸷鸟累百，不如一鹗”来形容祢衡的才华出众。

强烈的责任感

鹗的繁殖期在我国南方通常为2—5月，在东北地区大多为5—8月。雄鸟和雌鸟配对以后常常会比翼双飞，鸣声不断。经专家考证，我国春秋时期的《诗经·小雅》中妇孺皆知的诗句“关关雎鸠，在河之洲，窈窕淑女，君子好逑”中象征爱情的“雎鸠”就是鹗，真是让人惊叹不已。鹗的婚飞别具一格。首先雄鸟会在空中翱翔，身体呈一个非常陡的角度，爪子上紧紧抓着一条鱼或者是一根骨头，一边吃力地飞行，一边摇晃双脚，有时甚至会向后倒着飞行，同时发出激昂的叫声。雌鸟则高声应和，与雄鸟一起上下翻飞。它们通常营巢于水边的树冠之上，也常常在水边的悬崖峭壁或岩石上营巢。在食物丰富的地方，有非常多的巢密密麻麻地聚集在一起。

鹗巢都是用粗大的树枝搭成，如果繁殖成功，无干扰，巢可以多年使用，甚至有使用长达18年之久的巢，但是每年都需要进行修理和补充巢材，因此巢的结构一般较为庞大。鹗巢的形状多为盘状，由树枝、灌木枝、枯草等堆集而成，内铺树皮、枯草、羽毛和碎纸。雄鸟和雌鸟共同参与营巢。鹗常常每窝产卵 2～3 枚，偶尔有多至 4 枚的。卵的形状为椭圆形，颜色灰白，上有红褐色斑点。亲鸟会轮流参与孵卵，但仍以雌鸟为主。鹗的孵卵期一般为 32～40 天，孵出后由亲鸟共同喂养，大约经过 42 天后才离巢。亲鸟总是对巢中的雏鸟关怀备至，如果有大型的雕类、鸥类天敌企图偷袭，它们就会飞到巢的上空，作出摇摆不定，似乎就要摔下来的样子，同时发出像是“切利利，切利利”的叫声分散天敌的注意力，直到把它们引走。

小博士

鹗的药用价值

中医传统理论认为，将鹗去掉羽毛及肉，取骨晾干，可续筋接骨、消肿止痛。

点击——鹗的分布范围

鹗主要分布在欧洲、非洲、北美洲、南美洲、大洋洲、亚洲等地区，一共分化成 6 个亚种，我国仅有指名亚种，分布几乎遍及全国各地。其中在黑龙江、吉林、辽宁、内蒙古、新疆、甘肃、宁夏、西藏等省的为夏候鸟，北京、河北、山东、山西的为旅鸟，上海、浙江、台湾、广东、广西等地的为冬候鸟，海南的则为留鸟。鹗的迁徙时间大致在春季，于 3 月上旬就到达东北繁殖地，9 月中旬离开繁殖地开始往南迁徙。

轶闻趣事——有关鹗的传说

在《山海经·西次山经》里记载着这样一个故事：钟山山神烛龙有个叫鼓的儿子，鼓和另一个叫钦丕的家伙合伙，将一个叫祖江的天神杀死在昆仑山的东南方。黄帝知道这件事后非常生气，将他们杀死在钟山南面的瑶崖。钦丕的戾气不散，化做一只像雕的大鸟，白头红嘴，虎爪，背上有黑色斑纹，鸣叫的声音像鹄，它一旦出现在世上，世上就一定会有大的战乱。故事中的鸟就叫做鹗。

神圣的天葬师——秃鹫

秃鹫也叫秃鹰、座山雕。除了南极洲及一些海岛外，它们差不多分布在全球每个地方。一般草原和高原分布较多。因为爱吃腐肉，秃鹫被草原上的人们称为“草原上的清洁工”。你可别小看了它，虽然它吃腐肉，但仍然是一种大型的猛禽，凶猛是它的天性。秃鹫的体型非常大，全长大约1.1米，体重一般7到11千克，是高原上体格最大的猛禽，它两只翅膀大约有2米多长，0.6米左右宽。秃鹫那锋利的嘴和有力的钩爪均具有极强的攻击性。

◆秃鹫

秃鹫是如何找腐肉，又是如何吃腐肉的呢？快来本节看看吧。

食尸的钩嘴

秃鹫一般容貌丑陋，小小的圆头上，有一双阴森森的大眼睛，巨大的嘴巴像一个大铁钩，脖子和头上光秃秃的没有羽毛，使人望而生畏。秃鹫的力量非常大，它们使劲扇动翅膀起飞时，会在地面上刮起一股不小的旋风。秃鹫有着格外强壮、巨大的带钩的喙，能够轻而易举地啄破和撕开坚韧的牛皮和其他等动物的皮、肌肉、甚至是骨头，掩出沉重的内脏，光秃秃的头能伸进尸体的腹腔。

知识窗

飞得最高的鸟类

在海拔8000多米的世界第一高峰珠穆朗玛峰上，有一种秃鹫的近亲，名叫兀鹫的大型猛禽自由自在地翱翔，它就是世界上飞得最高的鸟类。兀鹫体重20千克，展翅时宽近两米，嗜食动物尸体，在青藏高原的高山地区繁殖。

点击——爱惜妻儿的雄秃鹫

◆秃鹫的长脖子

秃鹫虽然生性凶猛，但是也有柔情的一面。雄秃鹫非常爱自己的妻子和儿女，它每天辛辛苦苦地四处觅食，一回到家里就马上张开大嘴，把吞下去的食物统统吐出来，先给雏鸟吃较大的肉块，然后再耐心地给幼鸟喂碎肉浆。秃鹫的胃口非常大，每次都要吃到脖子被装满为止。然而，雄鸟带回来的食物常常会被妻子、儿女吃得精光，它只能饿着肚子，拖着疲乏的身体，再一次离家外出觅食，直到夕阳西下还在空中盘旋，寻找食物。雄秃鹫不愧为鸟类中的“好丈夫”和“好父亲”!

进食前的谨慎——坚决不杀生

秃鹫的视觉非常灵敏，在空中也能发现地上的动物。

秃鹫吃的大多是哺乳动物的尸体，哺乳动物在平原或草地上休息时，通常会聚集在一起。秃鹫掌握了这一规律以后，就会特别注意孤

零零躺在地上的动物。一旦发现目标就仔细观察对方的动静。如果对方纹丝不动的话，它就继续在空中盘旋察看。这种观察的时间通常非常长，至少要两天左右。而在这段时间里，假如动物仍然一动不动，它就会飞得低一点，从近距离去察看对方的腹部是否有起伏，眼睛是否还在转动。倘若还是一点动静也没有，秃鹫便降落到尸体附近，悄无声息地向对方走去。这时候它仍然犹豫不决，既迫不及待地想动手，又怕会上当受骗遭暗算。它会张开嘴，伸长脖子，展开双翅随时准备起飞。秃鹫又走近了一些时，会发出“咕喔”声，如果见对方毫无反应，就用嘴迅速啄一下尸体，马上又跳开去。这时，它会再一次察看尸体。如果对方仍然没有动静，秃鹫便放下心来，一下子扑到尸体上狼吞虎咽起来。

◆吃腐肉的秃鹫

小博士

秃鹫抗病菌

动物的尸体有自然死亡的，也有得病而死的，但秃鹫不管青红皂白，全都吞食。为什么它们不会被病菌感染呢？原因十分简单：秃鹫的体内能产生一些抗生素，使病菌无法发挥作用。于是，这种猛禽便成了大自然的“清洁工”。

链接——神秘的天葬

在现代社会一些地区的人群中仍存在着天葬的传统。在西藏，天葬师把人死后的尸体背朝着天，折断四肢，在尸体中央和两肩用力撕开皮肤露出肌肉，然后退开，苍鹰、秃鹫铺天盖地而下竞争啄食。等到天葬台上只剩下骨骼时，天葬师

用石头将骨骼敲成骨酱揉成一团，秃鹫会再次铺天盖地而下，食尽散去，周围的人开始长跪顶礼。

知识库

秃鹫的滑翔本领

在猛禽中，秃鹫的飞翔能力是比较弱的，好在它找到了一种节省能量的飞行方式——滑翔。这些大翅膀的鸟儿，在荒山野岭的上空悠闲地漫游着，用它们特有的感觉捕捉着肉眼看不见的上升暖气流。它们依靠上升暖气流，舒舒服服地继续升高，以便向更远的地方飞去。

有时候，秃鹫飞得非常高，不一定能发现地面上的动物尸体。其他食尸动物，如乌鸦、豺和鬣狗等，它们的活动能够为秃鹫提供目标。如果发现它们正在撕食尸体，秃鹫就会降低飞行高度，作进一步侦察。假如确实发现食物，它会迅速降落。这时，周围几十千米外的秃鹫也会接踵而至，以每小时 100 千米以上的速度，冲向美味佳肴。

广角镜——秃鹫的体色变化

动物学家发现，秃鹫争食时身体的颜色会发生一些有趣的变化。平时它们的面部是暗褐色的，脖子是铅蓝色的。而当它在啄食动物尸体的时候，面部和脖子就会出现鲜艳的红色，这是在警告其他秃鹫：赶快跑开，千万不要靠拢。一只身强力壮的秃鹫气势汹汹地跑来争食了，如果它招架不住，无可奈何地败下阵来，离开原来的位置，这时，它的面部和脖子马上从红色变成了白色。胜利者趾高气扬地夺得了食物，它的面部和脖子也会变得红艳如火；失败者开始平静下来，就会逐渐恢复原来的体色。根据这些体色变化，人们便能轻易知道秃鹫体力的强弱了。

不祥之鸟——猫头鹰

◆鸮形目的猫头鹰

猫头鹰是鸮形目鸟类的统称。该目鸟类的头一般宽大，嘴短而粗壮，嘴前端成钩状；头部正面羽毛通常排列成面盘，有部分种类具有耳状羽毛。猫头鹰双目的分布、面盘和耳羽使本目鸟类的头部与猫极其相似，所以俗称猫头鹰。猫头鹰是现存鸟类中在全世界分布较广的鸟类之一。除北极地区以外，世界各地都能够见到猫头鹰的踪迹。

由于猫头鹰的长相古怪，两只眼睛又大又圆，并且在夜晚会发出阴森的光。猫头鹰的两耳直立，仿佛神话中的双角妖怪，使人感到惊恐。在黑夜中猫头鹰的叫声又像鬼魂一样阴森凄凉，使人更加感到恐怖。猫头鹰飞翔时像幽灵一样飘忽无声，常常只见黑影一闪，如鬼魅一般。猫头鹰的行为常常使人们产生种种可怕的联想，所以把猫头鹰当做“不祥之鸟”。

高超的捕食本领

猫头鹰有一个可以灵活转动的脖子，使它的脸能转向后方。由于特殊的颈椎结构，它的头活动范围为 270°，这就大大增加了它监视树林的范围。猫头鹰不仅视觉范围非常大，而且视觉极其敏锐，漆黑的夜晚，它的能见度比人高出 100 倍。此外，猫头鹰的听力也非常敏锐，一个体重只有 300 克的猫头鹰有 9.5 万个听觉神经细胞，而体重 600 克左右的乌鸦听觉细胞却只有 2.7 万个左右。猫头鹰有了这些敏锐的感官，捕食就不成问题了，下面我们来看看猫头鹰高超的捕食能力。

猫头鹰一旦判断出猎物的方位，就会迅速出击。猫头鹰的羽毛非常柔软，翅膀上有天鹅绒般细密生长的羽绒，因而猫头鹰在飞行时产生的声波频率小于1千赫，而一般哺乳动物的耳朵感觉不到那么低的频率。这种无声的出击使猫头鹰的进攻更加有“闪电战”的效果。据研究，猫头鹰在扑击猎物的过程中，它的听觉仍起定位作用。它能根据猎物移动时产生的细微响动，不断地调整扑击方向，最后出爪，一举奏效。

轻松一刻

昼伏夜出的猫头鹰

猫头鹰绝大多数是夜行性动物，昼伏夜出，白天隐匿于树丛岩穴或屋檐中不易见到，但也有部分种类如斑头鸺鹠、纵纹腹小鸮和雕鸮等白天亦不安寂寞，常外出活动；一贯夜行的种类，一旦在白天活动，常飞行颠簸不定有如醉酒。

为猫头鹰平反正身

◆猫头鹰捕鼠本领强

中国民间有“夜猫子进宅，无事不来”、“不怕夜猫子叫，就怕夜猫子笑”的俗语，人们也常把猫头鹰当做“不祥之鸟”，称其为逐魂鸟、报丧鸟等，古书中还经常把它称之为怪鸱、鬼车、魑魂或流离，将猫头鹰的出现看做是厄运和死亡的象征。产生这些看法的原因主要源于猫头鹰古怪的长相和极其诡异的行为。这完全是一种误解，是人们自己的一种联想。

猫头鹰不但不会给人类带来厄运，相反，它们捕鼠的本领之大早已众所周知。古书上有这样的记载：“北方枭入家以为怪，共恶之；南中昼夜

飞鸣，与鸟鹊无异。桂林人罗取生鬻之，家家养使捕鼠，以为胜狸。”可见古人已经知道猫头鹰的好处。而鼠类是臭名昭著的偷粮贼，它们不仅在居民区和仓库里进行偷窃，还经常成群结队地在农田中偷粮。远在两千多年前的《诗经》中就有“硕鼠硕鼠，无食我黍”的记载。直到现在，世界各国的鼠害仍然很严重。猫头鹰主要以黑线姬鼠、黑线仓鼠、大仓鼠、棕色田鼠等农田鼠类和小家鼠、褐家鼠等居民区鼠类为食，也会吃一些小型鸟类、哺乳类动物和昆虫，比如雀类、莺类、蝙蝠、甲虫、金龟子、蝗虫、蝼蛄等。猫头鹰的捕鼠能力极强，一只猫头鹰每年能够吃掉1000多只老鼠，相当于为人类保护数吨粮食，确实是劳苦功高。

小博士

猫头鹰食性研究

猫头鹰的食物以鼠类为主，也吃昆虫、小鸟、蜥蜴、鱼等动物。它们都有吐“食丸”的习性，其素囊具有消化能力，食物常常整吞下去，并将食物中不能消化的骨骼、羽毛、毛发、几丁质等残物渣滓集成块状，形成小团经过食道和口腔吐出，吐出的小团叫食丸。科学家能够根据对食丸的分析，了解到了猫头鹰的食性。

广角镜——猫头鹰文化

古希腊

希腊神话中的智慧女神雅典娜的爱鸟是一只小鸮（猫头鹰的一种，神话里面被认为可预示事件），因而古希腊人把猫头鹰尊为雅典娜以及智慧的象征。猫头鹰被认为是掌管学问和智慧的鸟，所以后来在民间产生了“像猫头鹰一样聪明”的格言。

日本

在日本，猫头鹰被称为是福鸟，还成为长野冬奥会的吉祥物，代表着吉祥和幸福。就连日本的前首相中曾根也曾表示出他最喜欢的动物是猫头鹰。

在日本人的生活中，到处都能看到猫头鹰的身影，像猫头鹰造型的雕像、挂钟、水壶、牙签盒，甚至还有女士佩戴的胸针也会做成猫头鹰造型。正因为猫头鹰的头能够转动270度，而且有尖利的嘴和爪子，所以被日本人当成是最可靠的看门人。每逢有朋友搬家或修建新房子，如果你送上一尊猫头鹰雕像当做礼物，朋友一定会极为欢喜。

此外，非常多的日本公司也以猫头鹰作为商号，甚至连风马牛不相及的牙科医院也会把猫头鹰作为“形象代言”。据说这主要是因为猫头鹰视野广阔，“在销售上有先见之明，能够保佑商业繁荣”。有一家保险公司的广告词是这样的：“猫头鹰的大眼睛，守住顾客的心；猫头鹰的灵耳朵，听见顾客的意见；猫头鹰转动灵活的头颅，察知顾客的风险。愿猫头鹰为大家把福留住！”

英国

在英国，人们认为吃了烧焦以后再研成粉末的猫头鹰蛋，能够矫正视力。约克郡人则相信用猫头鹰熬制成的汤能够治疗百日咳。

加拿大

加拿大温哥华印第安人的后裔现在仍然保留着猫头鹰的图腾舞。该舞中不但有大型木雕的猫头鹰形象，而且有舞蹈，舞者衣纹为猫头鹰，全身披挂它的猎获物老鼠。

缅甸

在缅甸，猫头鹰也被视为吉祥物。一般观光客到寺庙时，多多少少都会购买一对塑胶的或者更昂贵、也更能保存的用漆器做成的猫头鹰。

知识库

鸟类对色彩的感觉

猫头鹰是色盲，因为猫头鹰的视网膜中没有锥状细胞，无法认色彩，其他许多飞禽都有色彩的感觉。乌鸦在高空飞行需要找到降落的地方，颜色会帮助它们判断距离和地面情况，使它们就能够抓住在空中飞的虫子，能在树枝上轻轻降落。鸟类的辨色能力也有利于它们寻找配偶。试想，雄鸟常用艳丽的羽毛吸引异性，如果它们感受不到颜色，那雄鸟还有什么魅力呢？

猛禽明星榜
——金雕、蛇鹫、苍鹰、游隼、鸶、雕鸮

猛禽中有些鸟类很有名，雕、鹫、鹰等经常在小说和影视中出现，在武侠小说中更是必不可少；隼、鸶和鸮等这些字看起来很难念，但是它们代表的鸟儿也许你已经知道甚至还见过，那么，它们和你记忆中的哪些形象能对应起来呢？请随我来一起看看吧。

金雕

雕类以它们显著的外观著称。它们是鸟中的大个儿，成鸟的羽翼展开平均超过 2 米，体长则可达 1 米。雕类的身体敏捷有力，凶猛无比。我国的雕类主要是金雕，下面就以金雕为例来认识雕的凶猛。

◆金雕

古代巴比伦王国和罗马帝国都曾以金雕作为王权的象征。在我国忽必烈时代，强悍的蒙古猎人盛行驯养金雕捕狼。

金雕多栖息在高山草原或者是针叶林地区，平原上较少见。金雕的飞行速度极快，常在高空中一边呈直线、圆圈状盘旋，一边俯视地面寻找猎物。金雕飞时，两翅上举呈“V”状，它用柔软而灵活的两翼以及尾的变化来调节飞行的方向、高度、速度和飞行姿势。在发现目标后，金雕常以每小时 300 千米的迅雷不及掩耳之势从天而降，并在最后一刹那戛然止住迅速扇动的翅膀，然后牢牢抓住猎物的头部，将利爪戳进猎物的头骨，使其立即丧命。

金雕的腿上被有羽毛，脚三趾向前，一趾朝后，趾上长着锐利如狮虎爪的又粗又长的角质利爪，内趾和后趾上的爪更加锐利。捕获猎物时，它的爪会像利刃一样刺进猎物的要害部位，撕裂皮肉，扯破血管，甚至是扭断猎物的脖子。金雕那巨大的翅膀也是它有力的武器之一，有时候一翅扇将过去，就能够将猎物果断地击倒在地。金雕捕食的猎物有数十种之多，如鸭类、鸡类、松鼠、山羊、狐狸、狍子、鹿、野兔等。

广角镜——意大利巴里机场雇用金雕来驱赶小动物

◆金雕可以是很称职的保安哦

2008年伊始，意大利的巴里机场启用一名特别的“保安”，它是一只身形巨大的金雕，它的职责就是不让附近的狐狸和野兔靠近飞机跑道。

长期以来，驾机光临过巴里机场的飞行员一直都抱怨那里的狐狸和野兔在跑道上频繁出现，导致飞机在起降过程中面临较大的安全隐患，有几次该机场甚至因此而被迫暂时关闭。巴里机场每年的客流量接近200万人次，关闭跑道所带来的经济损失堪称巨大。

机场方面曾使用过非常多的传统方法驱赶这些小动物，比如设置栅栏和喷洒驱虫剂等，但都收效甚微。其实，这一问题同样令世界各国的很多机场一筹莫展。比如美国的机场一般会采用超声波、毒药及捕兽器等办法对付那些“不速之客”，但像巴里机场这样让一只体型硕大的猛禽来完成这项任务，在全世界尚属首次。

巴里机场启用的这位特别“保安”是一只名叫夏延的金雕，有些机场管理人员也认为，用金雕来驱赶动物实在过于“奢侈”，因为目前这样一只猛禽的价格高达7500英镑。

夏延的翼展开达到了令人惊诧的2.3米左右，它也是目前欧洲范围内仅有的一只负责驱赶有害动物的金雕。这只在德国长大的猛禽能够抓起重达约182千克的物体，相当于抓起自身体重30倍的东西。

蛇鹫

◆漂亮的蛇鹫

蛇鹫是一种非洲食肉鸟。蛇鹫身形高大，雌鸟和雄鸟长得非常相似，直立时体长均接近150厘米，有十多岁的孩子那么高。蛇鹫的外貌很奇特：头和钩喙似鹰，长腿似鹤，头顶羽冠。羽冠在平时像发辫般低垂，而当被激怒或者紧张时就会高高竖起。蛇鹫的喙短粗带钩，眼睛周围呈橙红色的赤裸皮肤让人想起美洲长腿冠鹰。蛇鹫的上身有洁白的羽毛，翅膀后部和尾部则覆盖着黑色羽毛。尾羽中间有两根很长的白色羽毛，长达60多厘米，坚硬地向后竖着，仿佛一把戳向身后的长矛。蛇鹫的腿像鹤腿一样修长，上半部长有黑色短绒毛。小腿和脚表面长有非常厚的角质鳞片，使时常行走于灌木丛的脚部不至于受到伤害。蛇鹫的腿是所有猛禽中最长的，在进食或饮水的时候，它必须弯曲双腿蹲在地上才行。这长长的双腿看上去纤细伶仃，实际上却威力巨大，它用力一踢能够对猎物产生极大的杀伤力。不过，蛇鹫脚爪的握力不强，无法像短趾雕那样施展出"无影掌"来对付敌人。

蛇鹫生活在非洲地区的部分草原上。它们在草地上迅速奔跑，用腿和翅膀攻击猎物。蛇鹫捕食大昆虫、蛇、小型哺乳动物和蜥蜴。它们也会吃其他鸟的蛋。蛇鹫总是成对或者小群地在草原上游荡，它快速有力的啄击能够使非常多的小动物当场命丧黄泉。

小贴士——"秘书鸟"名称的由来

非常久以前，秘书们都是用羽毛笔写信和抄信。不用的时候就夹在耳朵上。

蛇鹫长长的冠羽，伸向头后，有点像办公室职员们夹在耳后的羽毛笔。因蛇鹫乌黑色的羽毛常使人们联想到羽毛笔，故而得名：secretary-bird（字面意思为秘书鸟）。

苍鹰

◆苍鹰

苍鹰，鹰科鹰属的强壮鹰类，是一种森林猛禽。苍鹰体长可以达到60厘米，翼展约达1.3米。头顶、枕和头侧呈黑褐色；枕部有白色羽尖，眉纹白杂黑纹；背部棕黑色；胸以下密布着灰褐和白相间的横纹；尾灰褐，有4条宽阔的黑色横斑，尾方形。飞行时，双翅宽阔，翅下现白色，但密布着黑褐色横带。苍鹰见于整个北半球温带森林和寒带森林，但在不列颠群岛已经罕见，在北美的数量也在减少。苍鹰常栖息于疏林、林缘和灌丛地带，次生林中也比较常见。苍鹰主要捕食鸽子等鸟类和野兔，也能猎取松鸡和狐等大型猎物。

◆苍鹰捕食

苍鹰在白天活动，它的视觉非常敏锐，善于飞翔；性甚机警，亦善隐藏。苍鹰通常单独活动，叫声尖锐洪亮。在空中翱翔它时常两翅水平伸直，或稍稍向上抬起，偶尔亦伴随着两翅的扇动，但除了迁徙期间外，非常少在空中翱翔，多隐蔽在森林中树枝间窥视猎物。苍鹰飞行起来快而灵活，能利用短圆的翅膀和长的尾羽来很好地调节速度和改

变方向，在林中或上或下，或高或低地穿行于树丛间，并能快速飞行着在树林中追捕猎物。有时它也在林缘开阔地上空飞行，或沿直线滑翔，窥视地面动物活动。一旦发现森林中的鼠类、野兔、雉类、榛鸡、鸠鸽类和其他中小型鸟类，就会迅速俯冲，呈直线追击，再用利爪抓捕猎物。苍鹰的体重虽然比同等中型猛禽轻1/5左右，但是速度却要快3倍以上，伸出爪子打击猎物时的速度约为每秒钟22.5米，所以苍鹰捕食的特点是猛、准、狠、快，通常具有较大的杀伤力。苍鹰只要见到能捕获的动物，都要猛扑上去，用一只脚上的利爪果断地刺穿其胸膛，再用另一只脚上的利爪将其腹部剖开，先吃掉鲜嫩的心、肝、肺等内脏部分，再将鲜血淋漓的尸体带回栖息的树上进行撕裂后啄食。

游隼

◆游隼

游隼是体型比较大的隼类，体长38～50厘米，翼展达95～115厘米，体重约647～825克，寿命16年左右。属于中型猛禽。游隼头顶和后颈呈暗石板蓝灰色到黑色，有的缀有棕色；背、肩蓝灰色，具有黑褐色羽干纹和横斑，腰和尾上的覆羽亦为蓝灰色，黑褐色横斑亦较窄；翅上的覆羽淡蓝灰色，具黑褐色羽干纹和横斑；脸颊部有宽阔而下垂的黑褐色髭纹。下体白色或皮黄白色，上胸和颈侧具细的黑褐色羽干纹，其余下体具黑褐色横斑。游隼栖息于山地、丘陵、荒漠、半荒漠、海岸、旷野、草原、河流、沼泽和湖泊沿岸地带，它也到开阔的农田、耕地、村屯等附近活动。游隼的飞行迅速快，多单独活动，叫声比较尖锐，通常在快速鼓翼飞翔时会伴随着一阵滑翔；它也喜欢在空中翱翔。游隼主要捕食野鸭、鸥、鸠鸽类、乌鸦和鸡类等中小型鸟类，偶尔也捕食鼠类和野兔等小型哺乳动物。游隼的性情很凶猛，即使比其体型大很多的金雕、矛隼等，它也

◆游隼

◆游隼

敢于攻击。由于它主要是在空中捕食，因而比其他猛禽需要更快的速度，所以有相对较大的体重，有像高速飞机一样的能够减少阻力的狭窄翅膀和很短的尾羽。大多数时候游隼都在空中飞翔巡猎，发现猎物时，首先快速升上高空占领制高点，然后折起双翅，使翅膀上的飞羽和身体的纵轴平行，头收缩到肩部，以每秒钟75～100米的速度呈25度角向猎物猛扑下来，德国动物学家曾经用现今的速度记录仪测量它的俯冲速度，在30度角俯冲时，速度可以达到270千米/时，在45度角俯冲时，速度更是达到350千米/时，被称为动物界的“空中子弹”。靠近猎物的时候，游隼稍稍张开双翅，以锐利的嘴咬穿猎物后枕部的要害部位，并同时用后趾击打，使猎物受伤而失去飞翔能力，等到猎物下坠时，再快速向猎物冲去，用利爪抓住猎物，这一切就像用电子计算机控制一样，异常迅速而准确。最后游隼将猎物带到相对隐蔽的地方，用双脚按住，用嘴剥除其羽毛后再撕裂成小块吞食。不过有时它也在地上捕食。与这种捕食方式相适应，它的跗跖变得短而粗壮，抓握猎物的脚趾也变得细长。

𫛭

𫛭是鹰科𫛭属28种猛禽的通称，代表性物种是𫛭。𫛭分布在从斯堪的

◆鵟

纳维亚半岛向南到地中海之间的地区，其他种类分布于北美、欧、亚和北非的绝大部分地区。鵟的体色变化相对比较大：它的上体主要为暗褐色；下体为暗褐色或淡褐色，具深棕色横斑或纵纹；尾羽为淡灰褐色，具有多道暗色横斑。鵟飞翔时两翼宽阔，会微向上举成浅“V”字形。在开阔平原、荒漠、旷野、开垦的耕作区、林缘草地和村庄上空盘旋翱翔。鵟大多都是单独活动，有时也能见到2～4只在天空盘旋。鵟的性情机警，视觉敏锐。它以各种鼠类为食，为农田益鸟，俗称“土豹”，但也吃蛙、蜥蜴、蛇、野兔、小鸟和大型昆虫等。

雕鸮

◆雕鸮

雕鸮是中国鸮类中体型最大的，它的体长是56～89厘米，体重是1400～3950克。雕鸮的面盘显著，为淡棕黄色，但杂以褐色的细斑；眼前密被白色的刚毛状羽，均具黑色端斑；眼上方有一个大形黑斑；头顶为黑褐色，羽缘为棕白色，杂以黑色波状细斑雕鸮的耳羽特别发达，显著突出于头顶两侧，外侧呈黑色，内侧是棕色。雕鸮通体的羽毛大都为黄褐色，具有黑色的斑点和纵纹；喉部为白色，胸部和两肋具有浅黑色的纵纹，腹部有细小的黑色横斑。雕鸮的虹膜为金黄色或橙色；脚和趾均密被羽，呈铅灰黑色。

雕鸮栖息在山地森林、平原、荒野、林缘灌丛、疏林，以及裸露的高山和峭壁等环境中。在新疆、西藏地区，栖息地的海拔高度可达3000～

◆雕鸮

4500米。雕鸮通常活动在人迹罕至的偏僻地方，除繁殖期外常单独活动。白天它躲藏在密林中栖息，常缩颈闭目栖于树上，一动不动，但它的听觉甚为敏锐，稍有声响，立即伸颈睁眼，转动身体，观察四周动静，如果有危险就会立即飞走。雕鸮飞行时通常贴着地面，缓慢而无声。

雕鸮主要以各种鼠类为食，但食性非常广，几乎包括所有能够捕到的动物，比如狐狸、豪猪、野猫类等难以对付的兽类和苍鹰、鹗、游隼等猛禽，其中兽类大约占55%，鸟类大约占33%，鱼类大约占11%，两栖和爬行类动物约占1%。由于雕鸮在夜间活动，所以一般认为它不捕蛇。其实，如果它发现蛇从草丛中缓缓爬出的时候，就会立即变得兴奋起来，眼睛发出炯炯的光芒，并且转动着圆圆的脸盘，似乎在估算着双方力量对比，然后瞄准蛇的头部，从树上猛扑过去。第一次进攻往往不成功，常常不能抓住蛇的要害。这时蛇就会愤怒地扭动着身体，转过身来准备缠住雕鸮。雕鸮就会展开两个宽大的翅膀，抗拒蛇的缠绕，并且用锐利的爪子刺穿蛇的鳞甲，进入肉体，然后寻找一个破绽，用嘴猛咬住蛇头后面相当于心脏的部位。痛苦万状的蛇经过激烈的挣扎后渐渐不支，终于松开了身体，成了雕鸮的一顿美餐。

超级鸟类——鸟中之最

鸟类的重要本领就是飞行，谁的飞行本领高，谁就占上风。那么，世界上飞得最快的鸟是哪种鸟呢？本节为大家介绍几种飞行本领超群的鸟类，比较它们谁飞得最快。

长距离飞行冠军——雨燕

根据科学家的科学测定，目前已知雨燕类是长距离飞行最快的鸟类。一般雨燕每小时能飞行110千米，而褐雨燕（又叫楼燕）时速高达276.47到353.23千米，速度相当快。而已知经常捕食雨燕的掠食性鸟只是某几种大型的隼。

◆长距离飞行冠军——雨燕

雨燕飞行时，翼的扑动相对慢而不灵活（每秒4到8次），但镰刀状的翅使雨燕成为鸟中飞行最快者。

短距离的飞行冠军——隼类和军舰鸟

隼类猛禽短距离飞行速度无鸟能及。游隼是冲刺速度最快的鸟，在俯冲抓猎物一刹那速度能达到350～400千米/小时，能在空中捕捉雨燕等飞行极快的鸟类。

◆短距离飞行高手——军舰鸟

另外，生活在海滨和岛屿上的军舰鸟速度也无与伦比。军舰鸟胸肌发达，善于飞翔，素来有“飞行冠军”之称。捕食时，军舰舰鸟的飞行时速可达400千米左右。军舰鸟在12级的狂风中也临危不惧，能够安全从空中飞行、降落。

速度之王——隼

隼虽为中小型猛禽，但威力绝不亚于大型猛禽，即使对比其体型大很多的金雕等也敢攻击。

由于隼主要以小型鸟类为食，大多数时候隼在空中捕食，因而比其他猛禽需要更快的速度，所以具有相对较大的体重，有像高速飞机一样能够减少阻力的狭窄翅膀和比较短的尾羽。大多数时候隼都在空中飞翔巡猎，发现猎物时首先快速升上高空，占领制高点，然后将双翅折起，使翅膀上的飞羽和身体的纵轴平行，头收缩到肩部，以每秒钟75到100米的速度，呈25度角向猎物猛扑下去。德国动物学家曾用现今的速度记录仪测量它的俯冲速度，在30度角俯冲时，速度可达270千米/小时，在45度角俯冲时，速度更是达350千米/小时，所以被称为动物界的“空中子弹”。

勇者无畏
——危险陆地动物的拍摄技巧

拍摄野生动物是件让人兴奋的事情，但野生动物和自然景色、人文风情不同，拍摄的机会稍纵即逝，并且拍摄存在着一定的危险性，所以，掌握有关的拍摄技巧非常有必要。

以下是一些拍摄野生动物需要特别注意的技巧，它们能让你的照片有更好的效果。

对动物做一些研究

危险动物对人类都不很友好，它们不可能在你的镜头前摆姿势。除非是不期而遇，否则要想拍摄到你想拍的东西，你必须知道在什么地方能够找到它们，在什么时间它们最活跃，它们有什么危险性，如何防范它们的攻击等等，了解得越多就越有可能拍摄出精彩的照片。

选择正确的时间

选择时间有两个意义：一是拍摄野生动物必须充分考虑野生动物的习性，何时活跃、何时进食、何时休息；二是必须考虑到光线因素的影响，因为充足而有感染力的光线是好照片的重要因素。综合这两方面因素，才能抓拍到情趣盎然的作品。

像所有有计划的旅行一样，对当地的各种情况了解越多，越能减少意外情况的发生。你应该对你目的地的人文、地理、环境、气候有尽量多的了解，可以来自于资料、书籍、旅行杂志、互联网，也可以直接打电话或写信给当地有关部门寻求帮助。你起码应该知道什么时候光线最好，什么时候需要特别的器材才能完成拍摄，什么时候根本不可能拍到满意照片。

小博士

注意动物们的色彩

不少动物都有色泽漂亮的羽毛或皮毛以吸引异性。如果拍到艳丽的动物照片，同样能提升视觉效果。需要大家了解的是，一般雄性动物的羽毛或皮毛要比雌性动物的漂亮，而且在发情期会更频繁地展示自己的美丽，所以要把握时间，找准对象。

摄影器材的选取

在拍摄的时候，我们还必须考虑到图片的真实性以及效果。为了让图片看上去更具原物性，还不得不更为广阔地捕捉图像，以填充整幅图像画面。

选取合适的器材，不仅使拍摄方便，更能保证拍摄效果完美。镜头长有非常大的好处，因为在拍摄很多野生动物时，我们不能靠得太近，毕竟我们不知道它们在想些什么，有可能出现危险。即使野生动物允许你靠近，你也不会这样做。这时，如果我们想拍摄野生动物，唯一的办法就是离它们远点，然后采用长镜头捕捉它们的每一个动作。

◆单反照相机

如果你没有购买一款单反照相机，你所购买的傻瓜相机上也应该要配备有变焦级别。就算你只有一款傻瓜相机，也能凑合着用，但必须记住要关闭掉照相机上的数字变焦模式，这种模式在傻瓜相机上不是特别管用。其实，数字变焦可以扩大像素，特别是在画面的中间；另外，数字变焦能够模拟出更多的变焦。换句话说，数字变焦所能做到的事情就相当于一个图像编辑过程。

焦距越长，对照片的影响越大，因为这样会造成相机抖动，导致图像

不清晰。另外，野生动物移动的速度相当快，不可预测，所以对照相机的快门速度有相当的要求，因为只有快门速度快才能把瞬间的动作捕捉下来。一定意义上说，快门速度在很大程度上影响了照片的清晰度。如果照相机的镜头够长，快门速度够快的话，狮子在奔跑的一瞬间，你完全能够捕捉下图像。

拍摄野生动物应无时无刻把快门速度调到最快，并做好拍摄的准备，因为野生动物不会等着你去拍摄。通常情况下，把照相机设成光圈优先模式，且把光圈设到可用的最好设置，这样能推动照相机使用最快的快门速度。

知识大讲堂——什么是ISO?

ISO是测量照相机对光的敏感度，在拍摄野生动物时，也能补充少许的快门速度，这样能更好地捕捉它们的动作。对于大多数人而言，他们都只在夜间拍摄时增大ISO，其实在白天增大ISO也是相当有必要的，但是这样做也有弊端，就是越高的ISO在图片中所产生的数字噪音也就越大。但这完全是值得的，最好的证明就是产生完美的照片。

拍摄的细小技巧

选择不同的角度

虽然拍摄野生动物难有很多的角度供你选择，但有的时候还是能够发现很多有趣的角度。在条件允许的情况下，你可以采用镜头与地平线相平、和动物眼睛相平、在高处俯视的角度拍照。站在人眼的高度观察动物拍出的照片有可能显得较死板。也有时候，拍摄动物的背影也能产生奇特有趣的效果。

拍出你想要的镜头

野生动物不会给你的拍摄提供任何方便，但是，如果你可以想出好办

法来，有可能在非常大的程度上让野生动物摆出你想要的姿势。比如，你能够忽然发出声响，让动物对你警觉起来，从而把眼睛对着你的镜头。但是，这种姿势是不会维持长久的，很快它就会迅速跑掉。所以应该先拍摄完别的镜头，而后做好准备，在一瞬间捕捉到这个有趣的吃惊表情。

万花筒

动物园拍摄技巧

动物园中的野生动物一般被玻璃幕墙阻挡着，拍摄时不仅要受幕墙面所沾灰尘、污渍的影响，还有反光的影响，幕墙面若受强逆光照射，上面的灰尘、污渍就会显现，勉强拍摄会明显影响照片的清晰度，因此最好寻找背阴下的玻璃幕墙拍摄，因为背阴下的玻璃幕墙上的尘污不易显现。另外，相机镜头要尽量贴近幕墙面拍摄，尘污与反光也不易显现。

注意安全

拍摄危险动物一定要注意安全，因为它们有可能会要你的命。

拍摄有毒动物、吸血动物时，最好穿上橡胶衣服等防护性服装，避免它们的叮咬，同时要准备好抗毒解毒药物。拍摄体型较大的动物或凶猛力大的动物时，最好远距离拍摄，如果想拍细节，最好利用遥控相机靠近它们，把相机伪装成石头、树桩等物体，动物就不容易发现。